U0182628

职业院校"十四五"系列教材

# 工业机器人离线编程与仿真

广东汇邦智能装备有限公司　组　编

主　编　陈　乾　　邱永松
副主编　黄文锐　　陈凤芝
参　编　郑知新　　钟启东
　　　　石　鹏　　邵英兰
　　　　邱慈阳

机械工业出版社
CHINA MACHINE PRESS

本书以ABB机器人为研究对象,通过企业中常用的应用案例,讲解了仿真软件的安装与工作站的构建、使用RobotStudio建模、工业机器人离线轨迹编程、仿真软件的应用、机器人附加轴的应用、RobotStudio的在线功能等内容。

本书的每一个任务都是根据企业现场应用项目设计的,配有详细的操作步骤和项目应用压缩包,并且配备操作视频,手机扫一扫二维码即可观看,使读者能够轻松理解,跟着操作,从而激发读者的学习热情。

本书可作为应用型本科和职业院校机器人工程、工业机器人技术、工业机器人应用与维护等相关专业的教材,也可供从事工业机器人相关工作的工程技术人员学习参考。

## 图书在版编目(CIP)数据

工业机器人离线编程与仿真 / 陈乾,邱永松主编;广东汇邦智能装备有限公司组编 . —北京:机械工业出版社,2022.5(2025.1 重印)
职业院校"十四五"系列教材
ISBN 978-7-111-70658-8

Ⅰ.①工… Ⅱ.①陈… ②邱… ③广… Ⅲ.①工业机器人—程序设计—高等职业学校—教材②工业机器人—计算机仿真—高等职业学校—教材 Ⅳ.① TP242.2

中国版本图书馆 CIP 数据核字(2022)第 071172 号

机械工业出版社(北京市百万庄大街 22 号 邮政编码 100037)
策划编辑:陈玉芝 责任编辑:陈玉芝 张雁茹
责任校对:樊钟英 刘雅娜 封面设计:张 静
责任印制:张 博
北京建宏印刷有限公司印刷
2025 年 1 月第 1 版第 4 次印刷
184mm × 260mm · 8.75 印张 · 236 千字
标准书号:ISBN 978-7-111-70658-8
定价:49.80 元

电话服务 网络服务
客服电话:010-88361066 机 工 官 网:www.cmpbook.com
010-88379833 机 工 官 博:weibo.com/cmp1952
010-68326294 金 书 网:www.golden-book.com
**封底无防伪标均为盗版** 机工教育服务网:www.cmpedu.com

# 前　言

工业机器人指的是能在人的控制下智能工作，并能完美替代人力在生产线上工作的多关节机械手或多自由度的机器装置。与人力相比，工业机器人具有低成本、高效率、24小时连续工作等特点。近年来，随着国内劳动力成本不断上涨，我国制造业劳动力优势不明显，制造业亟待向智能化转型，工业机器人呈现出强劲发展的态势。

2015年5月，我国出台了《中国制造2025》纲领性文件。这份文件主动适应了制造业发展潮流，推动中国制造向智能制造转型，为工业机器人的发展奠定了良好的基础。目前我国工业机器人需求激增，销量以年均40%的速度高速增长，我国工业机器人市场已成为世界工业机器人的第一大市场。

按照工业和信息化部的发展规划，到2025年，我国工业机器人装机量将达到120万台，大概需要30万工业机器人应用相关从业人员。随着这些工业机器人投入生产，必将给生产现场的技术人员提出新的技术要求和挑战，同样也对培养工业机器人技术应用人才提出更切生产实际的要求。工业机器人离线编程与仿真技术解决了很多复杂应用领域示教编程的困难，从而也成为从事工业机器人岗位的工程技术人员必须掌握的技术。

本书从工业机器人职业教育人才培养目标出发，结合生产实际，采取遵循认知规律、突出基本概念、引入工程案例、注重技能应用、提高职业素养的课程开发思路，以项目实训任务为出发点，由广东汇邦智能装备有限公司组织本行业相关专家、高校教师与生产一线的工程技术人员共同开发，集理论和实践于一体。

本书共分六个项目，介绍了仿真软件的安装与工作站的构建、使用RobotStudio建模、工业机器人离线轨迹编程、仿真软件的应用、机器人附加轴的应用、RobotStudio的在线功能等内容。项目中的每一个任务都配备了相应的操作视频和项目应用压缩包，更加方便读者的学习和教师的教学安排。本书配有电子课件及教案，并配赠汇邦综合实训平台离线轨迹创建与应用、Smart组件的子组件功能相关资料，可登录www.cmpedu.com下载，也可扫描封底二维码下载。

本书由广东汇邦智能装备有限公司高级技师陈乾、惠州城市职业学院邱永松主编，同时参与编写的还有黄文锐、陈凤芝、郑知新、钟启东、石鹏、邵英兰、邱慈阳。湖南生物机电职业技术学院王少华教授对本书进行了主审工作，在此表示衷心的感谢。工业机器人技术是一门发展迅速的技术，很多内容对职业教育来说是新的尝试。在编写过程中，编者努力做到课堂教学与实践教学紧密结合，使用生产一线案例，注重学生实践操作，旨在提高学生的综合分析能力和实际操作技能，进而培养学生的创新能力。

因编者水平有限，书中难免有疏漏和错误之处，恳请读者批评指正。

编　者

# 目　录

# 项目一  仿真软件的安装与工作站的构建

工业自动化的市场竞争压力日益加剧，客户在生产中要求更高的效率，以降低价格，提高质量。如今让机器人编程在新产品生产之始花费时间检测或试运行是行不通的，因为这意味着要停止现有的生产以对新的或修改的部件进行编程。不先验证到达距离及工作区域，而冒险制造刀具和固定装置已不再是首选方法。现今生产厂家在设计阶段就会对新部件的可制造性进行检查。在为机器人编程时，离线编程可与建立机器人应用系统同时进行。

在产品制造的同时对机器人系统进行编程，可提早开始产品生产，缩短上市时间。离线编程在实际机器人安装前，通过可视化及可确认的解决方案和布局来降低风险，并通过创建更加精确的路径来获得更高的部件质量。为实现真正的离线编程，RobotStudio 采用了 ABB VirtualRobot 技术。RobotStudio 是市场上离线编程的领先产品。

在 RobotStudio 中可以实现以下主要功能：

1）CAD 导入。RobotStudio 可轻易地以各种主要的 CAD 格式导入数据，包括 IGES、STEP、VRML、VDAFS、ACIS 和 CATIA。通过使用此类非常精确的 3D 模型数据，机器人程序设计员可以生成更为精确的机器人程序，从而提高产品质量。

2）自动路径生成。这是 RobotStudio 最节省时间的功能之一。通过使用待加工部件的 CAD 模型，可在短短几分钟内自动生成跟踪曲线所需的机器人位置。如果人工执行此项任务，则可能需要数小时或数天。

3）自动分析伸展能力。此便捷功能可让操作者灵活移动机器人或工件，直至所有位置均可达到。可在短短几分钟内验证和优化工作单元布局。

4）碰撞检测。在 RobotStudio 中，可以对机器人在运动过程中是否可能与周边设备发生碰撞进行一个验证与确认，以确保机器人离线编程得出的程序的可用性。

5）在线作业。使用 RobotStudio 与真实的机器人进行连接通信，对机器人进行便捷的监控、程序修改、参数设定、文件传送及备份恢复的操作，使调试与维护工作更轻松。

6）模拟仿真。根据设计，在 RobotStudio 中进行工业机器人工作站的动作模拟仿真以及生产节拍的计算，为工程的实施提供真实的验证。

7）应用功能包。针对不同的应用推出功能强大的工艺功能包，将机器人更好地与工艺应用进行有效融合。

8）二次开发。提供功能强大的二次开发平台，使机器人应用实现更多的可能，满足机器人的科研需要。

# 任务一　工业机器人仿真软件 RobotStudio 的安装

## 【工作任务】

1. 学会下载 RobotStudio。
2. 学会 RobotStudio 的正确安装。
3. 了解 RobotStudio 软件授权的作用。
4. 掌握 RobotStudio 授权的操作。

扫码看视频

## 一、下载 RobotStudio

下载 RobotStudio 的过程如图 1-1、图 1-2 所示，步骤如下：

1. 请登录网址：https://new.abb.com/products/robotics/zh/robotstudio。
2. 单击"下载中心"。
3. 单击" ↓ "进入下载界面，按提示注册并下载。

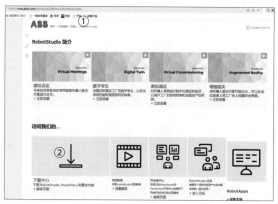

图　1-1

图　1-2

## 二、安装 RobotStudio

安装 RobotStudio 的过程如图 1-3～图 1-5 所示，步骤如下：

1. 下载完成后，对压缩包进行解压缩。
2. 解压缩后打开文件夹。
3. 双击打开安装程序。
4. 在下拉菜单中选择"中文（简体）"，单击"确定"。

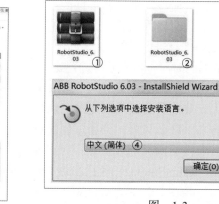

图　1-3

5. 单击"下一步"，然后选择"我接受该许可证协议中的条款"，再单击"下一步"。
6. 单击"下一步"。
7. 安装类型默认选择"完整安装"，单击"下一步"进行安装。

图　1-4

图 1-5

为了确保 RobotStudio 能够正确地安装，请注意以下事项：

（1）计算机的系统配置建议见表 1-1。

表 1-1　计算机的系统配置

| 硬　件 | 要　求 |
|---|---|
| CPU | i5 或以上 |
| 内存 | 2GB 或以上 |
| 硬盘 | 空闲 20GB 以上 |
| 显卡 | 独立显卡 |
| 操作系统 | Windows7 或以上 |

（2）操作系统中的防火墙可能会造成 RobotStudio 的不正常运行，如无法连接虚拟控制器，建议关闭防火墙或对防火墙的参数进行恰当的设定。

本书中的任务是基于 RobotStudio 6.03 版本开展的，随着版本升级，会出现软件菜单有所变化的情况。

从 www.robotstudio.com 也可以下载 RobotStudio 6.03。

## 三、 关于 RobotStudio 的授权

在第一次正确安装 RobotStudio 以后（图 1-6），软件提供 30 天的全功能高级版免费试用。30 天以后，如果还未进行授权操作，则只能使用基本版的功能。

1. 选择"基本"功能选项卡。

2. 在"输出"处可查看授权的有效日期。

基本版：提供基本的 RobotStudio 功能，如配置、编程和运行虚拟控制器。还可以通过以太网对实际控制器进行编程、配置和监控等在线操作。

高级版：提供 RobotStudio 所有的离线编程功能和多机器人仿真功能。高级版中包含基本版

中的所有功能。要使用高级版需进行激活。针对学校，有学校版的 RobotStudio 软件用于教学。

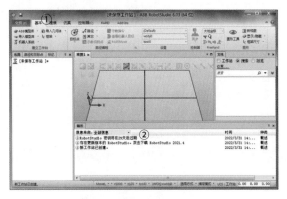

图 1-6

## 四、激活授权的操作

如果已经从 ABB 获得 RobotStudio 的授权许可证，可以通过以下方式激活 RobotStudio 软件。

单机许可证只能激活一台计算机的 RobotStudio 软件；而网络许可证可在一个局域网内建立一台网络许可证服务器，给局域网内的 RobotStudio 客户端进行授权许可，客户端的数量由网络许可证所允许的数量决定。在授权激活后，如果计算机系统出现问题并重新安装 RobotStudio，将会造成授权失效。在激活之前，请将计算机连接上互联网，因为 RobotStudio 可以通过互联网进行激活，这样操作会便捷很多。激活 RobotStudio 的步骤如图 1-7 ~ 图 1-9 所示。

1. 选择"文件"功能选项卡。

2. 选择"选项"。

图 1-7

3. 选择"授权"。

4. 选择"激活向导"。

5. 根据授权许可类型,选择"单机许可证"或"网络许可证"。

6. 选择"下一个",按照提示就可完成激活。

图 1-8

图 1-9

# 任务二 RobotStudio 软件界面介绍

【工作任务】

1. 了解 RobotStudio 软件界面构成。

2. 掌握 RobotStudio 界面恢复默认布局的操作方法。

## 一、关于 RobotStudio 软件界面

1. "文件"功能选项卡,包含创建新工作站、创建新机器人系统、连接到控制器、将工作站另存为查看器的选项和 RobotStudio 选项,如图 1-10 所示。

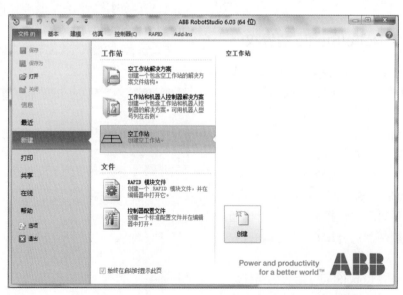

图 1-10

2."基本"功能选项卡，包含建立工作站、路径编程、设置、控制器、Freehand 和图形控件，如图 1-11 所示。

3."建模"功能选项卡，包含创建、CAD 操作、测量、Freehand 和机械控件，如图 1-12 所示。

4."仿真"功能选项卡，包含碰撞监控、配置、仿真控制、监控、信号分析器和录制短片控件，如图 1-13 所示。

5."控制器"功能选项卡，包含进入、控制器工具、配置、虚拟控制器和传送控件，如图 1-14 所示。

6."RAPID"功能选项卡，包含进入、编辑、插入、查找、控制器、测试和调试控件，如图 1-15 所示。

7."Add-Ins"功能选项卡，包含社区、Robotware 和齿轮箱热量预测控件，如图 1-16 所示。

图 1-11

图 1-12

图 1-13

图 1-14

图 1-15

图 1-16

## 二、恢复默认 RobotStudio 界面的操作

刚开始操作 RobotStudio 时，常常会遇到操作窗口被意外关闭的情况，从而无法找到对应的操作对象和查看相关的信息。如图 1-17 所示，常用的"布局""路径和目标点"已被意外关闭。

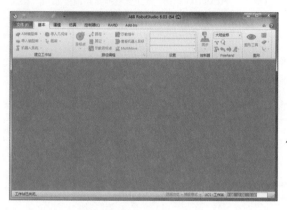

图　1-17

可进行图 1-18 所示操作恢复默认的 Robot-Studio 界面，步骤如下：

1. 单击①处下拉按钮。

2. 选择"默认布局"，便可恢复窗口的布局。

3. 也可以选择"窗口"，在需要的窗口前勾选复选框即可。

图　1-18

# 任务三　布局工业机器人基本工作站

【工作任务】

1. 加载工业机器人及周边的模型。

2. 学会工业机器人工作站的合理布局。

扫码看视频

## 一、了解工业机器人工作站

工业机器人工作站如图 1-19 所示。

基本的工业机器人工作站包含工业机器人及工作对象。下面通过图 1-19 所示的例子进行工业机器人工作站布局的学习。

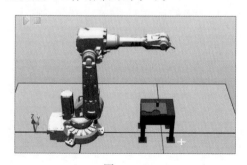

图　1-19

## 二、导入机器人

导入机器人的操作如图 1-20 ～ 图 1-23 所示，步骤如下：

1. 在"文件"功能选项卡中选择"新建"，单击"创建"，创建一个新的空工作站。

2. 在"基本"功能选项卡中，打开"ABB 模型库"，选择"IRB 2600"。

3. 设定好对话框中的数值，然后单击"确定"。

在实际中，要根据项目的要求选定具体的机器人型号、承载能力及到达距离。

4. 使用键盘与鼠标的按键组合，调整工作站视图。

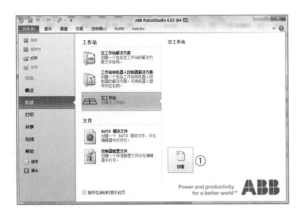

图 1-20

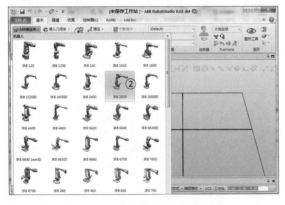

图 1-21

图 1-22

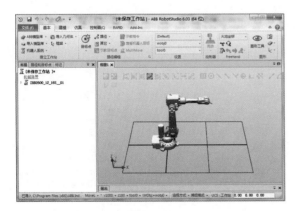

图 1-23

平移：〈Ctrl〉+ 鼠标左键。

视角：〈Ctrl+Shift〉+ 鼠标左键。

缩放：滚动鼠标中间滚轮。

## 三、加载机器人的工具

加载机器人工具的操作如图 1-24 ~ 图 1-28 所示，步骤如下：

1. 在"基本"功能选项卡中，单击"导入模型库"—"设备"，选择"myTool"。

图 1-24

2. 在"布局"中，在"MyTool"上按住鼠标左键，向上拖到"IRB2600_12_165__01"后松开左键。

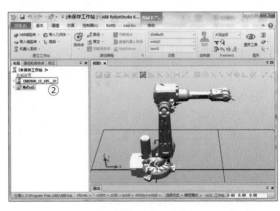

图 1-25

3. 单击"是"。

4. 工具已安装到机器人法兰盘了。

5. 如果想将工具从机器人法兰盘上拆下，则可以在"MyTool"上右击，选择"拆除"。

图　1-26

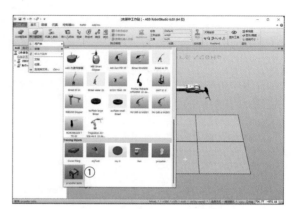

图　1-29

2. 右 击 "IRB2600_12_165__01"，选 择 "显示机器人工作区域"。

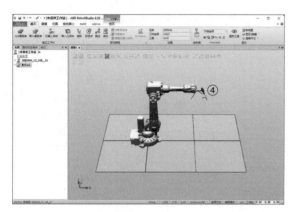

图　1-27

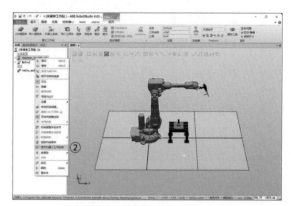

图　1-30

3. 图 1-31 所示白色区域为机器人可到达范围。工作对象应调整到机器人的最佳工作范围内，这样才可以提高节拍和方便轨迹规划。下面将小桌子移到机器人的工作区域。

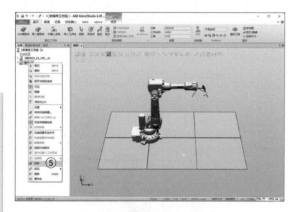

图　1-28

## 四、摆放周边的模型

摆放周边模型的操作如图 1-29 ~ 图 1-38 所示，步骤如下：

1. 在 "基本" 功能选项卡中，单击 "导入模型库" — "设备"，选择 "propeller table" 模型进行导入。

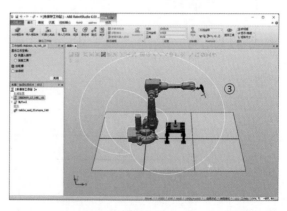

图　1-31

要移动对象，则需用到"Freehand"工具栏功能。

4. 在"Freehand"工具栏中，选定"大地坐标"，单击"移动"图标。

5. 拖动箭头到达图1-32所示的大地坐标位置。

图 1-32

6. 在"基本"功能选项卡中，选择"导入模型库"—"设备"，选择"Curve Thing"模型进行导入。

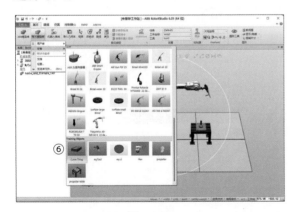

图 1-33

7. 将"Curve Thing"放置到小桌子上去。在对象上右击，选择位置—"放置"—"两点"。

为了能准确捕捉对象特征，需要正确地选择捕捉工具。将鼠标移动到对应的捕捉工具，则会显示详细的说明。

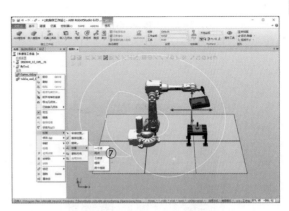

图 1-34

8. 选中捕捉工具的"选择部件"和"捕捉末端"。

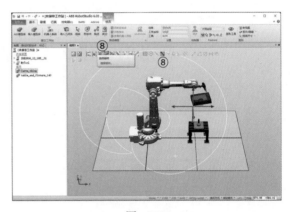

图 1-35

9. 单击"主点—从"的第一个坐标框。

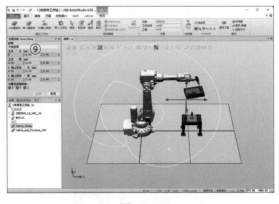

图 1-36

10. 按照下面的顺序单击两个物体对齐的基准线：第1点与第2点对齐；第3点与第4点对齐。

11. 单击对象点位的坐标值已自动显示在框中，然后单击"应用"。

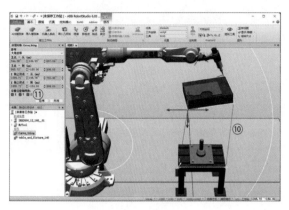

图 1-37

12. 对象已准确对齐放置到小桌子上。

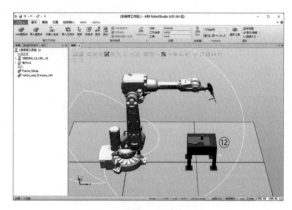

图 1-38

# 任务四  建立工业机器人系统与手动操纵

【工作任务】

1. 建立工业机器人系统。

2. 学会工业机器人的手动操纵模式。

扫码看视频

## 一、建立工业机器人系统

在完成了布置以后，要为机器人加载系统，建立虚拟的控制器，使其具有电气的特性来完成相关的仿真操作。具体操作如图 1-39～图 1-43 所示，步骤如下：

1. 在"基本"功能选项卡中，单击"机器人系统"—"从布局"。

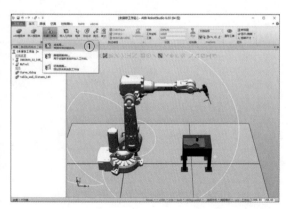

图 1-39

2. 设定好系统名称与保存的位置后，单击"下一个"。

图 1-40

3. 单击"下一个"。

4. 单击"完成"。

图 1-41

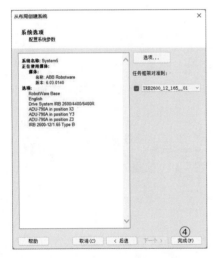

图 1-42

5. 系统建立完成后，右下角的"控制器状态"应由黄色变为绿色。

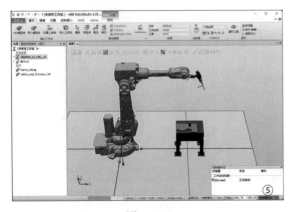

图 1-43

如果在建立工业机器人系统后，发现机器人的摆放位置不合适，还需要进行调整，就要在移动机器人的位置后重新确定机器人在整个工作站中的坐标位置。具体操作如图1-44、图1-45所示，步骤如下：

1. 在"Freehand"工具栏中根据需要选择移动或旋转。

2. 拖动机器人到新的位置。

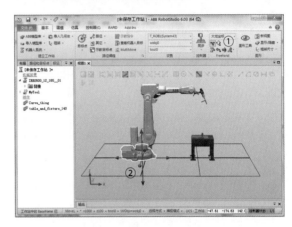

图 1-44

3. 单击"是"。

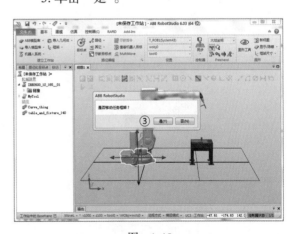

图 1-45

## 二、工业机器人的手动操纵

在RobotStudio中，可让机器人手动达到你所需要的位置。手动共有三种方式：手动关节、手动线性和手动重定位。我们可以通过直接拖动和精确手动两种控制方式来实现。

## （一）直接拖动

直接拖动操纵如图 1-46～图 1-48 所示，步骤如下：

1. 选中"手动关节" 图标。
2. 选中对应的关节轴进行运动。

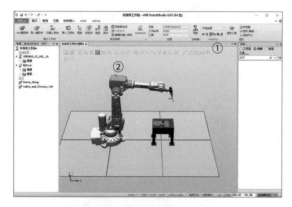

图 1-46

3. 将"设置"工具栏的"工具"项设定为"MyTool"。
4. 选中"手动线性" 图标。
5. 选中机器人后，拖动箭头进行线性运动。

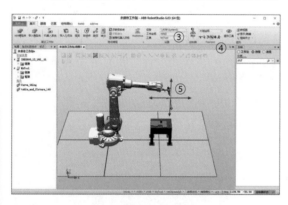

图 1-47

6. 选中"手动重定位" 图标。
7. 选中机器人后，拖动箭头进行重定位运动。

## （二）精确手动

精确手动操作步骤如图 1-49～图 1-52 所示，步骤如下：

1. 将"设置"工具栏的"工具"项设定为"MyTool"。

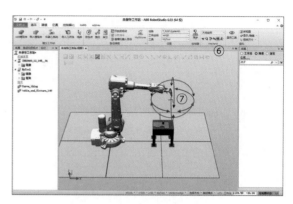

图 1-48

2. 在"IRB2600_12_165__01"上右击，选择"机械装置手动关节"。

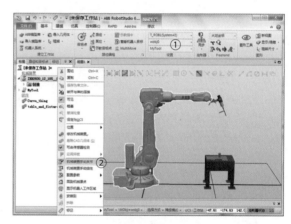

图 1-49

3. 拖动滑块进行关节轴运动。
4. 单击 ＜ ＞ 按钮，可以点动关节轴运动。
5. 在"Step"栏设定每次点动的距离。

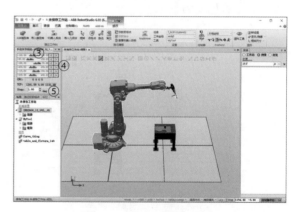

图 1-50

6. 在"IRB2600_12_165__01"上右击，选择"机械装置手动线性"。

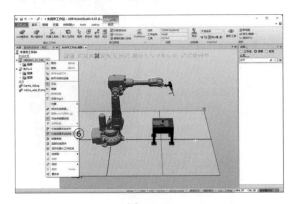

图　1-51

7. 直接输入坐标值使机器人到达位置。

8. 单击 ⟨ ⟩ 按钮，可以点动运动。

9. 在"Step"栏设定每次点动的距离。

**（三）回到机械原点**

回到机械原点的操作如图 1-53 所示，在"IRB2600_12_165__01"上右击，选择"回到机械原点"。机器人会回到机械原点，但不是 6 个关节轴都为 0°，轴 5 会在 30°的位置。

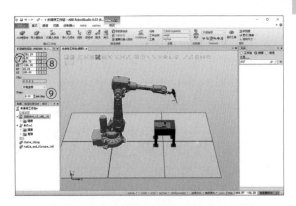

图　1-52

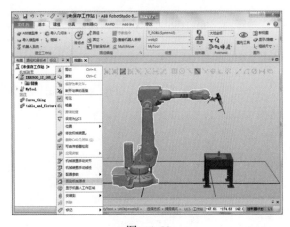

图　1-53

# 任务五　创建工业机器人工件坐标与轨迹程序

**【工作任务】**

1. 建立工业机器人工件坐标。

2. 创建工业机器人运动轨迹程序。

## 一、建立工业机器人工件坐标

与真实的工业机器人一样，也需要在 RobotStudio 中对工件对象建立工件坐标。操作如图 1-54～图 1-59 所示，步骤如下：

1. 在"基本"功能选项卡的"其它"⊖中选择"创建工件坐标"。

扫码看视频

图　1-54

──────────

⊖　"其它"应为"其他"，为与软件一致，本书采用"其它"。

2. 单击"选择表面"。

3. 单击"捕捉末端"。

4. 设定工件坐标名称为"Wobj1"。

5. 单击"用户坐标框架"下的"取点创建框架"。

6. 选中"三点"。

7. 单击"X 轴上的第一个点"的第一个输入框。

8. 单击 1 号角。

9. 单击 2 号角。

10. 单击 3 号角。

11. 确认单击的三个角点的数据已生成后，单击"Accept"。

12. 单击"创建"。

13. 如图 1-59 所示，工件坐标"Wobj1"已创建。

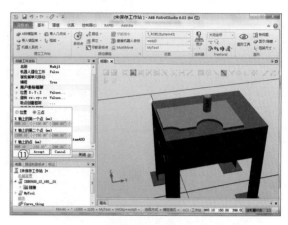

图 1-57

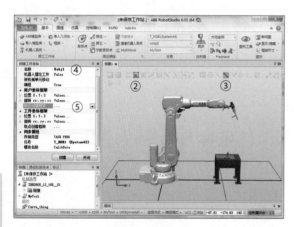

图 1-55

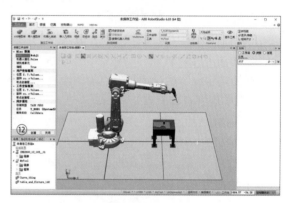

图 1-58

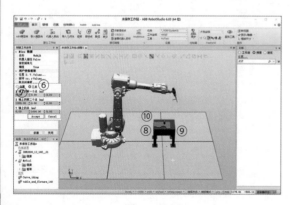

图 1-56

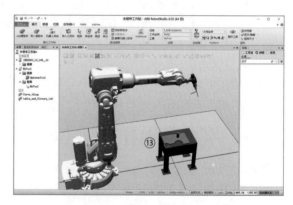

图 1-59

## 二、创建工业机器人运动轨迹程序

与真实的工业机器人一样，在 RobotStudio 中工业机器人的运动轨迹也是通过 RAPID 程序指令进行控制的。下面就讲解如何在 RobotStudio 中进行轨迹的仿真。生成的轨迹可以下载到真实的机器人中运行。

操作如图 1-60 ~ 图 1-73 所示，步骤如下：

1. 安装在法兰盘上的工具 MyTool 在工件坐标 Wobj1 中沿着对象的边沿行走一圈。

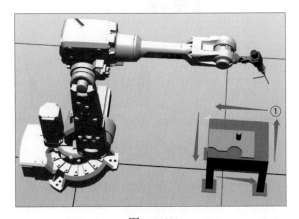

图 1-60

2. 在"基本"功能选项卡中，单击"路径"后选择"空路径"。

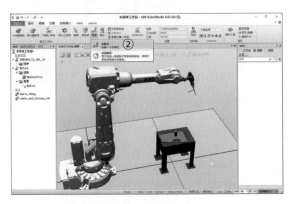

图 1-61

3. 生成空路径"Path_10"。

4. 设置"工具"，在"工具"框中选择"MyTool"。

5. 在开始编程之前，对运动指令及参数进行设定，单击对应的选项并设定为 MoveJ * v150 fine MyTool\WObj:=Wobj1。

6. 选择"手动关节"  图标。

7. 将机器人拖动到合适的位置，作为轨迹的起始点。

8. 单击"示教指令"。

9. 此处显示新创建的运动指令。

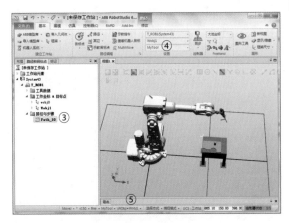

图 1-62

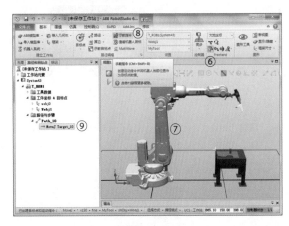

图 1-63

10. 单击"手动线性"  或合适的手动模式。

11. 拖动机器人，使工具对准第一个角点。

12. 单击"示教指令"。

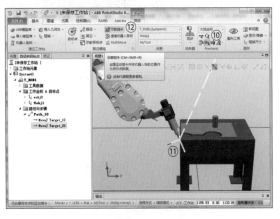

图 1-64

13. 接下来的指令要使工具沿桌子直线运动，单击对应的选项并设定为 MoveL * v150 fine MyTool\WObj:=Wobj1。

14. 拖动机器人，使工具对准第二个角点。

15. 单击"示教指令"。

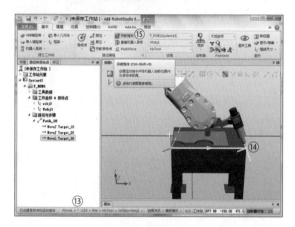

图 1-65

16. 拖动机器人，使工具对准第三个角点。

17. 单击"示教指令"。

图 1-66

18. 拖动机器人，使工具对准第四个角点。

19. 单击"示教指令"。

20. 拖动机器人，使工具对准第一个角点。

21. 单击"示教指令"。

22. 拖动机器人，使其离开桌子到一个合适的位置。

23. 单击"示教指令"。

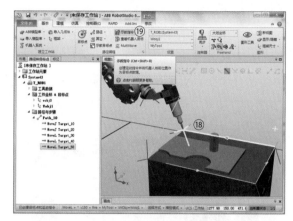

图 1-67

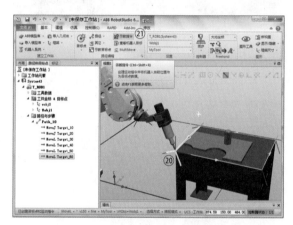

图 1-68

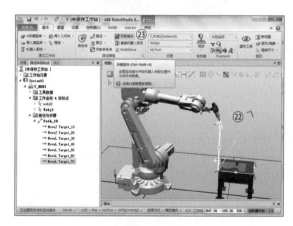

图 1-69

24. 在路径"Path_10"上右击，选择"到达能力"。

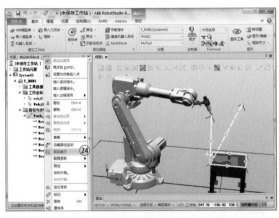

图　1-70

25. 绿色的 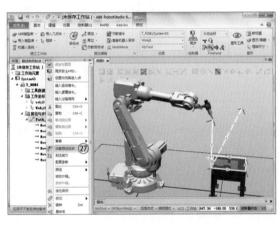 说明目标点都可到达，然后单击"关闭"。

图　1-72

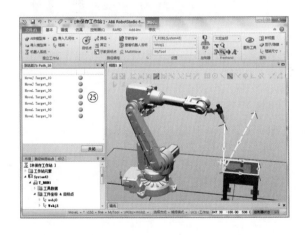

图　1-71

26. 在路径"Path_10"上右击，选择"配置参数"—"自动配置"进行关节轴自动配置。

27. 在路径"Path_10"上右击，选择"沿着路径运动"，检查是否能正常运行。

在创建机器人轨迹指令程序时，要注意以下几点：

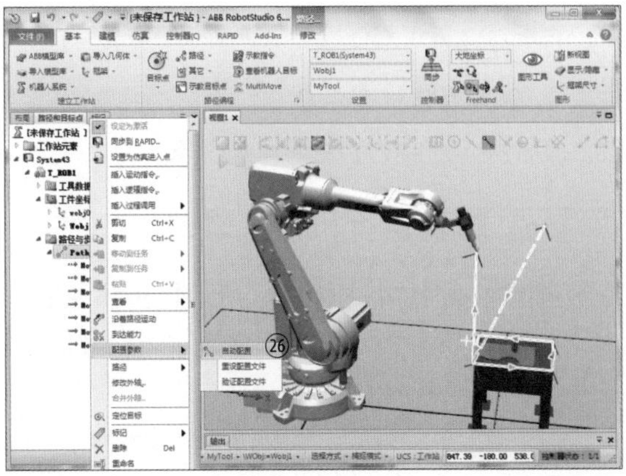

图　1-73

1）手动线性时，要注意观察各关节轴是否会接近极限而无法拖动，如果无法拖动，要适当进行姿态的调整。观察关节轴角度的方法请参考本项目任务四中精确手动的第3步。

2）在示教轨迹的过程中，如果出现机器人无法到达工件的情况，可适当调整工件的位置再进行示教。

3）在示教的过程中要适当调整视角，这样可以更好地观察。

# 任务六　仿真运行机器人及录制视频

**【工作任务】**

1. 仿真运行机器人轨迹。
2. 将机器人的仿真录制成视频。

扫码看视频

## 一、仿真运行机器人轨迹

操作如图 1-74 ~ 图 1-80 所示，步骤如下：

1. 在"基本"功能选项卡下单击"同步"，选择"同步到 RAPID"。

图　1-74

在 RobotStudio 中，为了保证虚拟控制器中的数据与工作站中的数据一致，需要将虚拟控制器与工作站数据进行同步。当在工作站中修改数据后，则需要执行"同步到 RAPID"；反之则需要执行"同步到工作站"。

2. 将需要同步的项目都勾选后（一般全部勾选），单击"确定"。

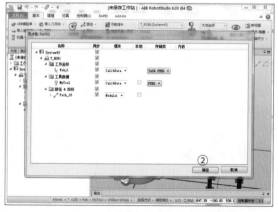

图　1-75

3. 在"仿真"功能选项卡下单击"仿真设定"。

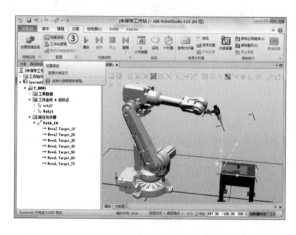

图　1-76

4. 在"T_ROB1 的设置"列表里，选择"Path_10"。

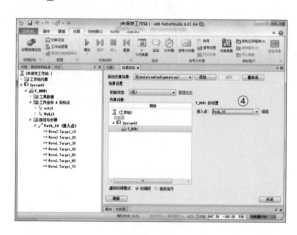

图　1-77

5. 确认"Path_10"已在"进入点"中。

6. 在"仿真"功能选项卡中，单击"播放"。这时机器人就按之前所示教的轨迹进行运动。

7. 单击"保存"，进行工作站的保存。

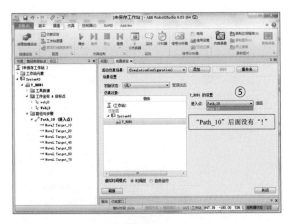

图　1-78

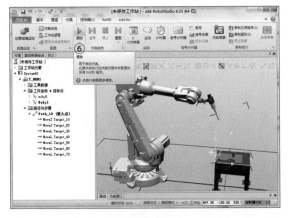

图　1-79

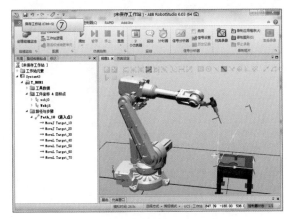

图　1-80

## 二、将机器人的仿真录制成视频

可以将工作站中工业机器人的运行录制成视频，以便在没有安装 RobotStudio 的计算机中

查看工业机器人的运行。另外，还可以将工作站制作成 exe 可执行文件，以便进行更灵活的工作站查看。

### （一）将工作站中工业机器人的运行录制成视频

操作如图 1-81～图 1-83 所示，步骤如下：

1. 在"文件"功能选项卡中，单击"选项"。

2. 单击"屏幕录像机"。

3. 对录像的参数进行设定，然后单击"确定"。

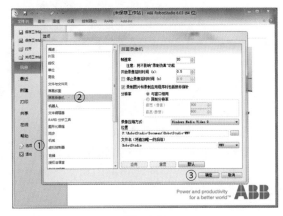

图　1-81

4. 在"仿真"功能选项卡中单击"仿真录像"。

5. 在"仿真"功能选项卡中单击"播放"。

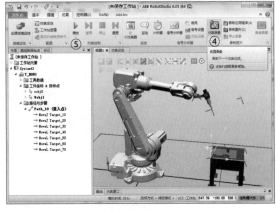

图　1-82

6. 在"仿真"功能选项卡中单击"查看录像"，即可查看视频。

项目一　仿真软件的安装与工作站的构建

7. 工作完成后，单击"保存"，对工作站进行保存。

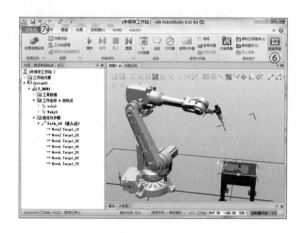

图　1-83

**（二）将工作站制作成 exe 可执行文件**

操作如图 1-84～图 1-86 所示，步骤如下：

1. 在"仿真"功能选项卡中单击"播放"，选择"录制视图"。

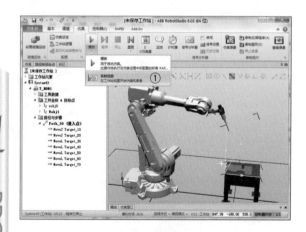

图　1-84

2. 录制完成后，在弹出的"另存为"对话框中指定保存位置，然后单击"保存"。

图　1-85

3. 双击打开生成的 exe 文件，在此窗口中，缩放、平移和转换视角的操作与 RobotStudio 中的一样。

4. 单击"Play"，开始工业机器人的运行。

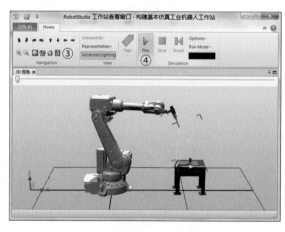

图　1-86

为了提高与各种版本的 RobotStudio 的兼容性，建议在 RobotStudio 中做任何保存的时候，保存的路径和文件名称使用英文字符。

**【学习检测】**

自我学习检测评分表见表 1-2。

表 1-2  自我学习检测评分表

| 项目 | 技术要求 | 分值/分 | 评分细则 | 评分记录 | 备注 |
|---|---|---|---|---|---|
| 认识工业机器人仿真软件 | 理解工业机器人仿真软件的作用 | 10 | 1. 理解程度<br>2. 关联拓展能力 | | |
| 安装 RobotStudio | 正确安装 RobotStudio 并能排除安装过程中的问题 | 10 | 1. 能否找到软件<br>2. 操作流程 | | |
| RobotStudio 授权许可 | 1. 理解基本版与高级版的区别<br>2. 能够正确完成授权许可 | 10 | 1. 理解程度<br>2. 操作流程 | | |
| RobotStudio 界面 | 1. 学会操作软件的界面<br>2. 掌握恢复默认布局的操作 | 10 | 1. 理解程度<br>2. 操作流程 | | |
| 加载工业机器人及周边的模型 | 能正确完成加载的操作 | 5 | 1. 理解程度<br>2. 操作流程 | | |
| 工作站的合理布局 | 能够正确确定机器人与周边模型的合理布局 | 5 | 1. 理解流程<br>2. 操作流程 | | |
| 建立工业机器人系统 | 1. 理解什么是工业机器人系统<br>2. 完成工业机器人系统的建立 | 5 | 1. 理解流程<br>2. 操作流程 | | |
| 工业机器人的手动操作模式 | 熟练使用关节、线性及重定位手动操作机器人 | 5 | 1. 理解流程<br>2. 熟练操作 | | |
| 工业机器人工件坐标 | 1. 理解什么是工件坐标<br>2. 熟练完成工件坐标的建立 | 5 | 1. 理解原理<br>2. 熟练操作 | | |
| 工业机器人运动轨迹程序 | 熟练完成路径创建、示教指令、同步及仿真的操作 | 5 | 熟练操作 | | |
| 仿真运行机器人轨迹 | 掌握仿真的操作方法 | 5 | 熟练操作 | | |
| 将机器人的仿真录制成视频 | 1. 录制视频的操作<br>2. 制作 exe 文件 | 5 | 熟练操作 | | |
| 安全操作 | 符合上机实训操作要求 | 20 | | | |

# 项目二　使用 RobotStudio 建模

## 任务一　建模功能与测量工具的使用

### 【工作任务】

1. 使用 RobotStudio 建模功能进行 3D 模型的创建。
2. 对 3D 模型进行相关设置。
3. 正确使用测量工具进行测量操作。

扫码看视频

使用 RobotStudio 进行机器人的仿真验证时，如节拍、到达能力等，如果对周边模型的要求不高，则可以用简单的等同实际大小的基本模型进行代替，从而节约仿真验证的时间，如图 2-1 所示。

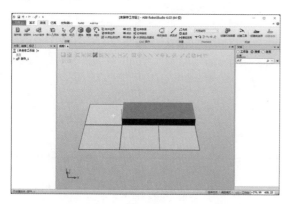

图　2-1

如果需要精细的 3D 模型，可以通过第三方建模软件进行建模，并通过 *.sat 格式导入到 RobotStudio 中来完成建模布局的工作。

### 一、使用 RobotStudio 建模功能进行 3D 模型的创建

3D 建模过程如图 2-2 ~ 图 2-4 所示，步骤如下：

1. 单击"创建"，创建一个新的空工作站。

图　2-2

2. 在"建模"功能选项卡中，单击"创建"组中的"固体"，选择"矩形体"。

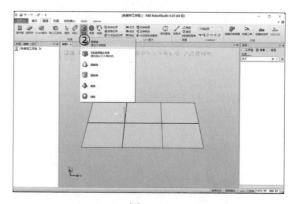

图　2-3

3. 按照垛板的数据进行参数输入，长度为

1190mm，宽度为800mm，高度为140mm，然后单击"创建"。

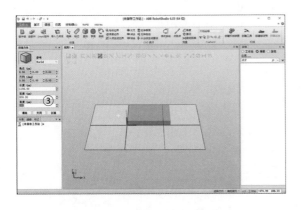

图 2-4

## 二、对 3D 模型进行相关设置

对 3D 模型进行的相关设置如图 2-5、图 2-6 所示，步骤如下：

1. 在刚创建的对象上右击，在弹出的快捷菜单中可以进行颜色、移动、显示等相关的设定。

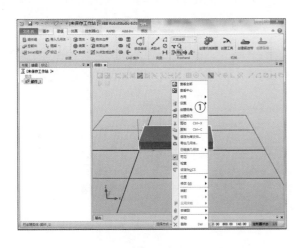

图 2-5

2. 对象设置完成后，单击"导出几何体"，就可将对象进行保存。

为了提高与各种版本的 RobotStudio 的兼容性，建议在 RobotStudio 中做任何保存的时候，保存的路径和文件名称使用英文字符。

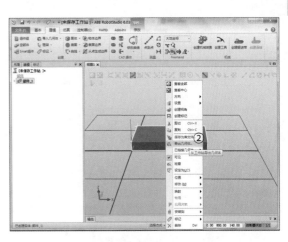

图 2-6

## 三、测量工具的使用

### （一）测量垛板的长度

测量垛板长度的操作如图 2-7、图 2-8 所示，步骤如下：

1. 在"建模"功能选项卡中，单击"固体"，选择"圆柱体"，设置参数，单击"创建"。

2. 单击"选择部件"，单击"捕捉末端"。

3. 在"建模"功能选项卡中，单击"点到点"。

4. 单击第一个角点。

5. 单击第二个角点。

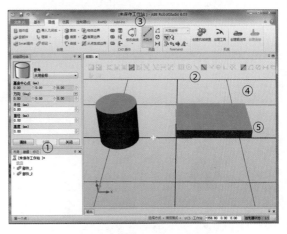

图 2-7

6. 垛板长度的测量结果就显示在这里。

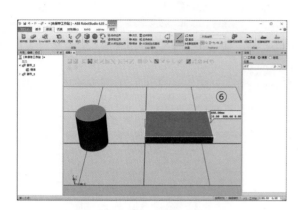

图　2-8

### （二）测量锥体顶角的角度

测量锥体顶角角度的操作如图 2-9、图 2-10 所示，步骤如下：

1. 在"建模"功能选项卡中，单击"角度"。

2. 单击第一个角点。

3. 单击第二个角点。

4. 单击第三个角点。

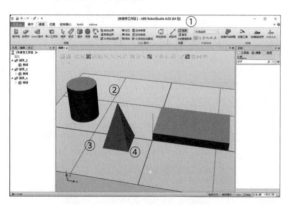

图　2-9

5. 锥体顶角角度的测量结果就显示在这里。

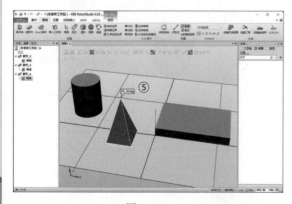

图　2-10

### （三）测量圆柱体的直径

测量圆柱体直径的操作如图 2-11、图 2-12 所示，步骤如下：

1. 单击"捕捉边缘"。

2. 在"建模"功能选项卡中，单击"直径"。

3. 单击第一个角点。

4. 单击第二个角点。

5. 单击第三个角点。

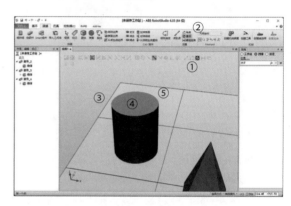

图　2-11

6. 圆柱体直径的测量结果就显示在这里。

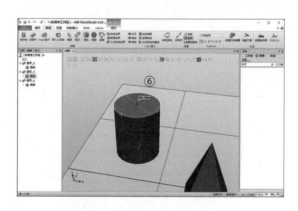

图　2-12

### （四）测量两个物体间的最短距离

测量两个物体间最短距离的操作如图 2-13、图 2-14 所示，步骤如下：

1. 在"建模"功能选项卡中，单击"最短距离"。

2. 测量锥体与矩形体之间的最短距离，单击 A 点，然后单击 B 点。

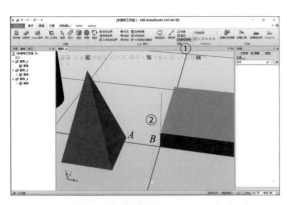

图 2-13

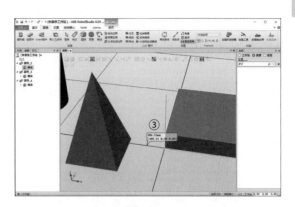

图 2-14

3.最短距离的测量结果就显示在这里。

**（五）测量的技巧**

测量的技巧主要体现在能够正确地运用各种选择部件和捕捉模式进行测量。建议读者平时要多练习，以便掌握其中的技巧，如图2-15所示。

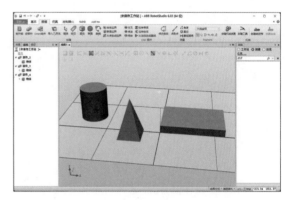

图 2-15

# 任务二　创建机械装置

【工作任务】

1.创建一个夹爪的模型。

2.建立夹爪的运动特性。

扫码看视频

在工作站中，为了更好地展示效果，会为机器人周边的模型（如输送带、夹具和滑台等）制作动画效果。这里就以创建机械装置的一个能够张开和闭合的夹爪为例开展这项任务，如图2-16所示。

具体操作如图2-17～图2-48所示，步骤如下：

1.单击"创建"，创建一个新的空工作站。

2.在"基本"功能选项卡中，单击"导入几何体"，选择"浏览几何体"。

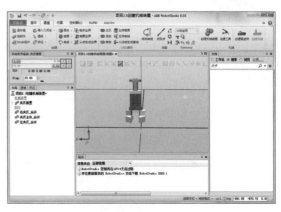

图 2-16

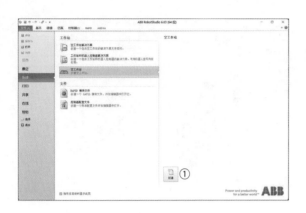

图　2-17

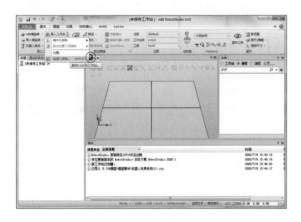

图　2-18

3. 选择教材资源包中"工作站"—"项目二"文件夹下的"机器人夹具机构",将"机器人夹具机构"导入到工作站中(教材资源包下载方式见"前言")。

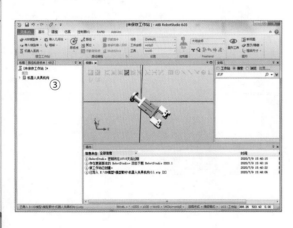

图　2-19

4. 使用"三点法"将工作站中的"机器人夹具机构"摆正。方法为选中"机器人夹具机构"组件后右击,然后单击"位置"—"放置"—"三点法"。

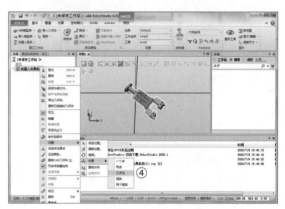

图　2-20

5. 单击"主点 - 从",利用捕捉末端捕捉到第 1 个点,在"主点 - 到"上手动输入(0,0,150);单击"X 轴上的点 - 从"捕捉到第 2 个点,在"X 轴上的点 - 到"上手动输入(100,0,150);单击"Y 轴上的点 - 从"捕捉到第 3 个点,在"Y 轴上的点 - 到"上手动输入(0,100,150);最后,单击"应用"。

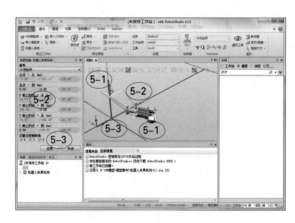

图　2-21

6. 在"建模"功能选项卡中,单击"组件组"。

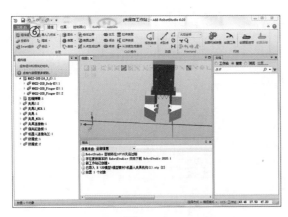

图 2-22

7. 将"组_1"重命名为"左夹爪"。

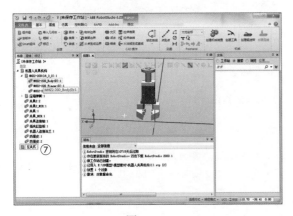

图 2-23

8. 按住键盘上的〈Ctrl〉键，选中图 2-24 所示的部件，单击右键，然后选择"剪切"。

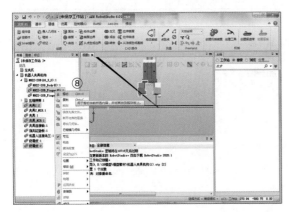

图 2-24

9. 右击"左夹爪"组件，将步骤 8 上剪切下来的部件粘贴到"左夹爪"组件上。

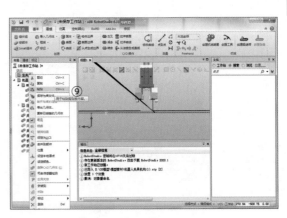

图 2-25

10. 单击"否"，不进行重新定位。

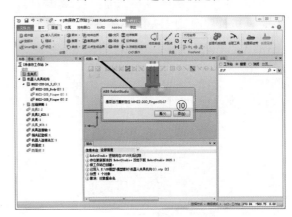

图 2-26

11. 右击"左夹爪"组件，单击"合并到部件"。

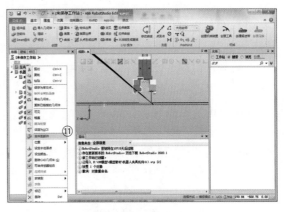

图 2-27

12. 合并到部件完成后，将"左夹爪"组件删除。

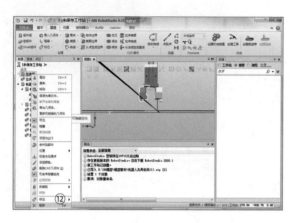

图 2-28

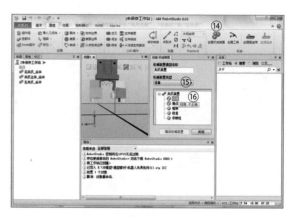

图 2-30

13. 参考本任务步骤 6~ 步骤 12，将"机器人夹具机构"分为"夹爪主体""左夹爪"和"右夹爪"3 个部件。

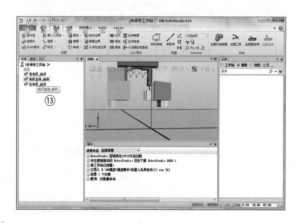

图 2-29

图 2-31

14. 在"建模"功能选项卡中，单击"创建机械装置"。

15. 在"机械装置模型名称"中输入"夹爪装置"，在"机械装置类型"中选择"设备"。

16. 双击"链接"。

17. "所选部件"选择"夹爪主体_合并"。

18. 勾选"设置为 BaseLink"复选框。

19. 单击添加部件按钮。

20. 单击"应用"。

21. 将"链接名称"设定为"L2"，"所选部件"设定为"左夹爪_合并"。

22. 单击添加部件按钮。

23. 单击"应用"。

图 2-32

24. 将"链接名称"设定为"L3","所选部件"设定为"右夹爪_合并"。

图 2-33

25. 单击添加部件按钮。

26. 单击"确定"。

27. 双击"接点"。

28. 选择"选择工具"和"捕捉末端"。

29. "子链接"选择"L2"。

30. "关节类型"选择"往复的"。

31. 单击"第一个位置"的第一个输入框。

32. 单击滑台的 A 角点。

33. 单击滑台的 B 角点。

34. 运动的参考方向轴已添加到这里。

35. 设定"关节限值",以限定运动范围:最小限值为 0mm,最大限值为 5mm。

36. 单击"应用"。

37. "父链接"选择"L1(BaseLink)"。

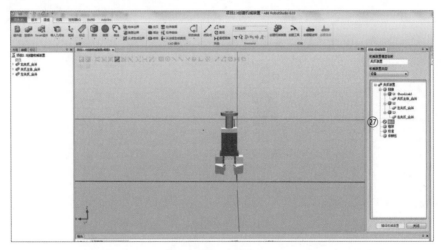

图 2-34

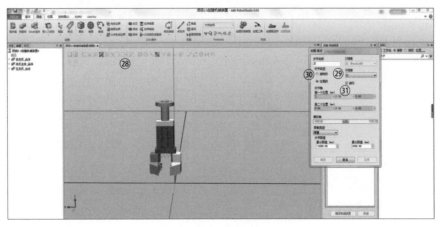

图 2-35

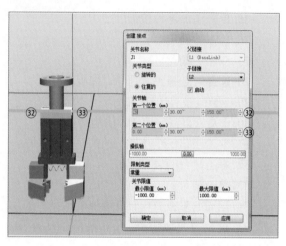

图 2-36

38. "子链接"选择"L3"。

39. "关节类型"选择"往复的"。

40. 单击"第一个位置"的第一个输入框。

41. 单击滑台的 A 角点。

42. 单击滑台的 B 角点。

43. 运动的参考方向轴已添加到这里。

44. 设定"关节限值",以限定运动范围:最小限值为 −5mm,最大限值为 0mm。

45. 单击"确定"。

46. 单击"编译机械装置"。

47. 单击"添加",添加滑台定位位置的数据。

48. 将"姿态名称"重命名为"打开"。

49. 单击"应用"。

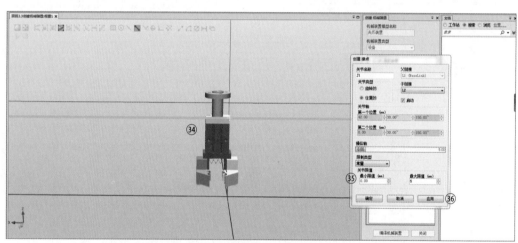

图 2-37

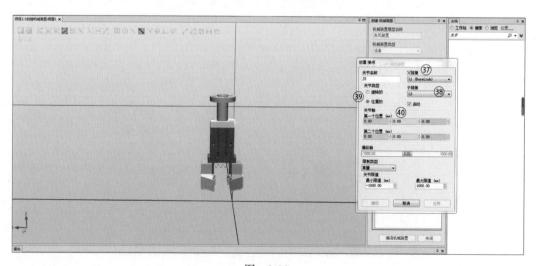

图 2-38

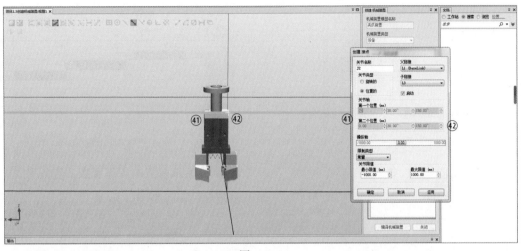

图　2-39

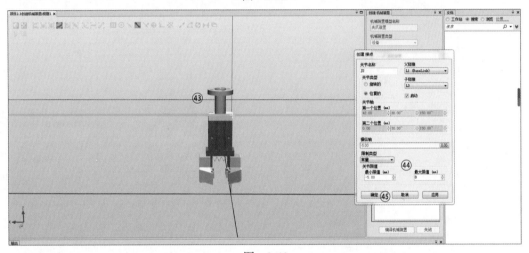

图　2-40

图　2-41

图　2-42

50. 将 "姿态名称" 重命名为 "夹紧"。

51. 将 "关节值" 滑块分别拖动到 5 和 −5 上。

52. 单击 "确定"。

53. 单击 "设置转换时间"。

54. 将 "打开" 和 "夹紧" 的时间转换设置为 1s。

55. 单击 "确定"。

图　2-43

图　2-44

图　2-45

56. 在"打开"和"夹紧"之间来回切换，可以观察夹爪装置的姿态变换。

57. 单击"关闭"。

58. 在"夹爪装置"上右击，选择"保存为库文件"，以便以后在其他工作站中调用。

59. 在"基本"功能选项卡中，单击"导入模型库"，选择"用户库"来加载已保存的机械装置。

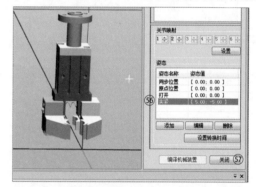

图　2-46

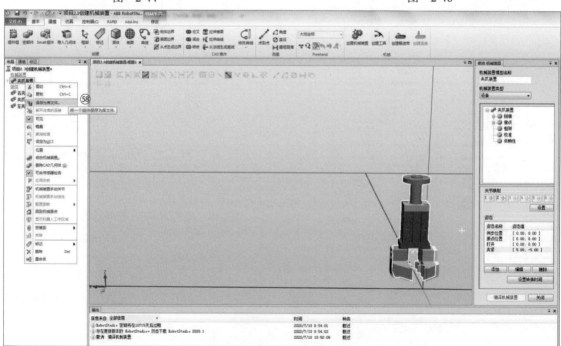

图　2-47

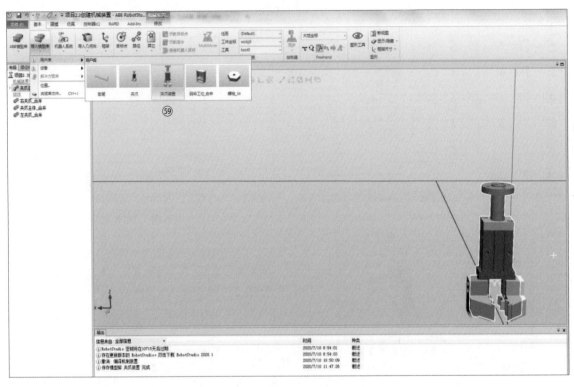

图 2-48

# 任务三　创建事件管理器

扫码看视频

## 【工作任务】

1. 创建机器人 I/O 信号。

2. 创建机器人控制夹爪的事件管理器。

在构建机器人和周边设备联动的工作站时，例如机器人控制夹爪、气缸等动作，通常需要创建事件管理器将机器人的 I/O 信号关联到夹爪或气缸等机械装置上，从而实现机器人和周边设备的联动。本任务中，我们就来学习如何创建事件管理器。

创建事件管理器的过程如图 2-49 ～图 2-84 所示，步骤如下：

1. 在"基本"功能选项卡中，打开"ABB 模型库"，选择"IRB 2600"。

2. 机器人"容量"（负载）和"到达"（工作半径）使用默认值，单击"确定"。

3. 在"基本"功能选项卡中，单击"导入模型库"，选择"用户库"来加载"夹爪装置"。

4. 选中"夹爪装置"。

5. 单击移动 图标。

6. 按住鼠标左键，沿 X 轴正方向拖动夹爪装置，避免夹爪装置被机器人挡住。

7. 在"基本"功能选项卡中，单击"机器人系统"，选择"从布局"来创建机器人系统。

8. 单击"下一个"。

9. 勾选"IRB2600_12_165__01"复选框。

10. 取消勾选"夹爪装置"复选框，然后单击"下一个"。

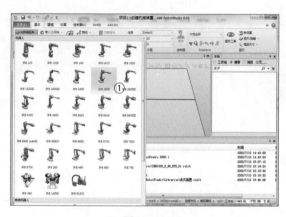

图 2-49

图 2-51

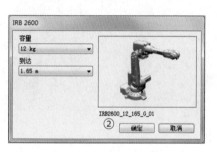

图 2-50

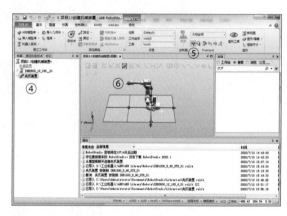

图 2-52

11. 单击"选项"。

12. 单击"类别"下的"Industrial Networks"。

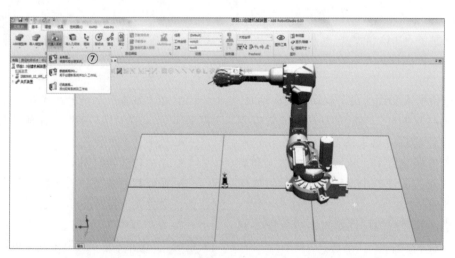

图 2-53

13. 勾选"709-1 DeviceNet Master/Slave"复选框。

14. 单击"关闭"。

15. 单击"完成"。

16. 在"控制器"功能选项卡中,单击"配置编辑器",选择"I/O System"来创建机器人I/O信号。

17. 选中"DeviceNet Device",单击右键,

然后选择"新建 DeviceNet Device"。

18. 单击"使用来自模板的值"下的"〈默认〉"。

19. 选择"DSQC 652 24 VDC I/O Device"。

20. 将"Address"的数值改为"10"。

21. 单击"确定"。

22. 单击"确定"。

图 2-54

图 2-55

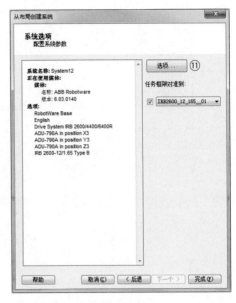

图 2-56

图 2-57

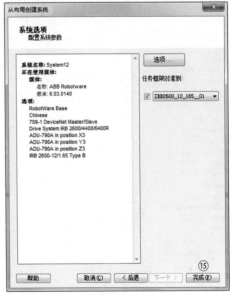

图 2-58

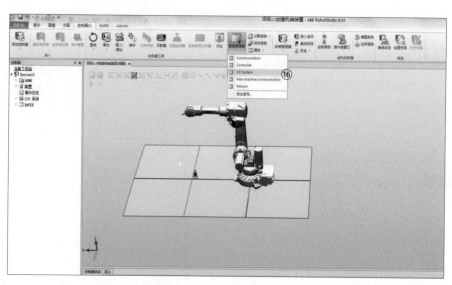

图 2-59

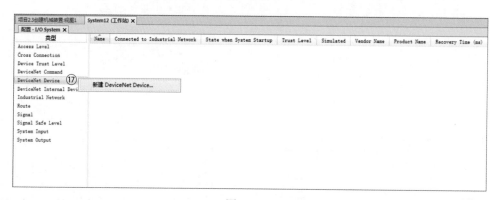

图 2-60

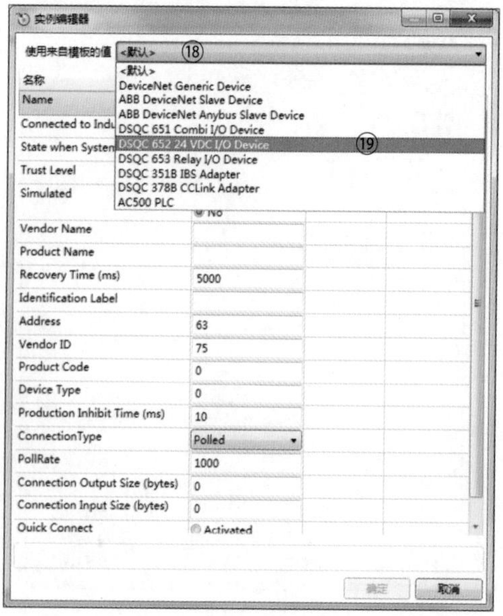

图 2-61

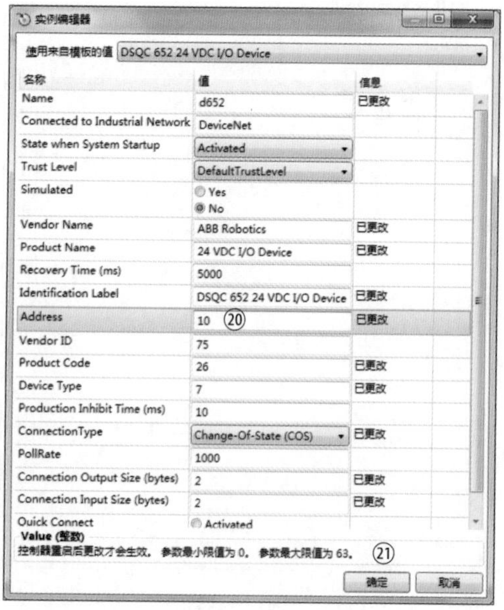

图 2-62

图 2-63

23. 由于创建信号板卡需要重启才能生效，因此在"控制器"功能选项卡中，单击"重启"，选择"重启动（热启动）"来重启机器人。

24. 单击"确定"。

25. 机器人重启完成后，选中"Signal"，单击右键，然后选择"新建 Signal"。

图 2-64

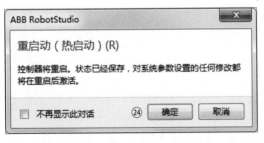

图 2-65

26. 在"实例编辑器"对话框中，在"Name"栏填入"do0"。

27. "Type of Signal"栏选择"Digital Output"。

28. "Assigned to Device"栏选择"d652"。

29. "Device Mapping"栏填入数字"0"。

30. "Access Level"栏选择"All"。

31. 单击"确定"。

32. 单击"确定"。

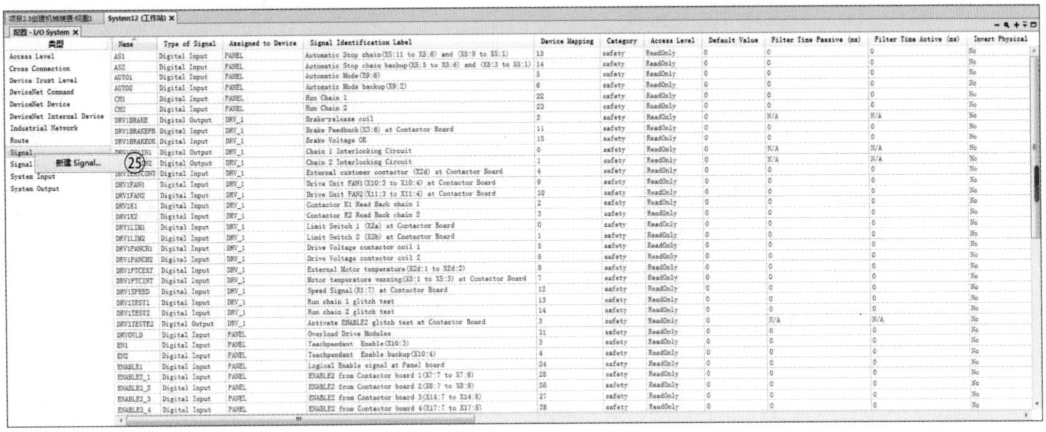

图 2-66

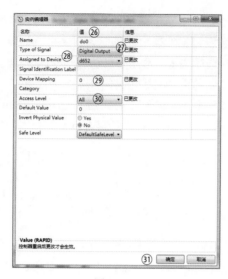

图 2-67

图 2-68

33. 在"控制器"功能选项卡中,单击"重启",选择"重启动(热启动)"来重启机器人。

34. 单击"确定"。

35. 单击"仿真"功能选项卡下的"事件管理器"。

36. 单击"事件管理器"下的"添加"。

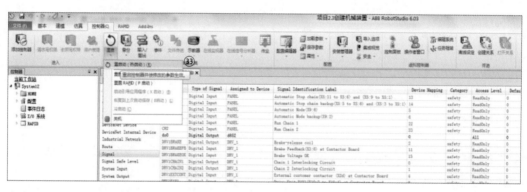

图 2-69

图 2-70

37. 单击"下一个"。

38. 选择信号"do0"。

39. "信号源"选择"当前控制器"。

40. "触发器条件"选择"信号是 True"。

41. 单击"下一个"。

42. 将"设定动作类型"设为"将机械装置移至姿态"。

43. 单击"下一个"。

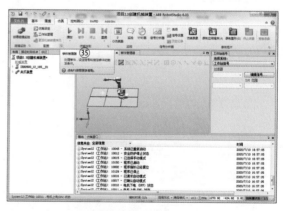

图 2-71

44. 将"机械装置"设为"夹爪装置"。

45. 将"姿态"设为"夹紧"。

46. 单击"完成"。

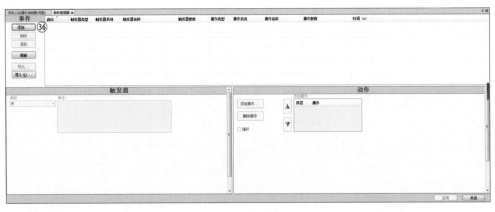

图 2-72

图 2-73

图 2-75

图 2-74

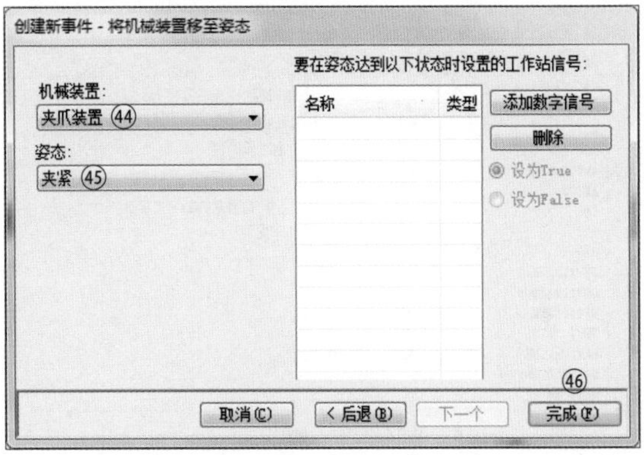

图 2-76

47. 箭头所示就是上面添加的第 1 个事件管理器。

48. 继续单击"添加"。

49. 单击"下一个"。

50. 选择信号"do0"。

51. "信号源"选择"当前控制器"。

52. "触发器条件"选择"信号是 False"。

53. 单击"下一个"。

54. 将"设定动作类型"设为"将机械装置移至姿态"。

55. 单击"下一个"。

56. 将"机械装置"设为"夹爪装置"。

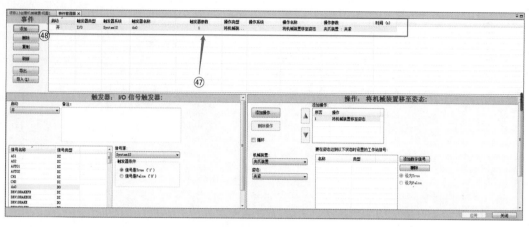

图　2-77

图　2-78

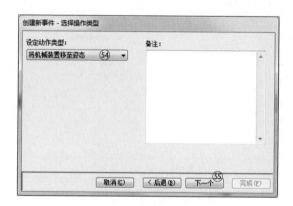

图　2-80

图　2-79

图　2-81

57. 将"姿态"设为"打开"。

58. 单击"完成"。

59. 夹爪装置打开和夹紧的事件管理器添加完成后，单击"关闭"。事件管理器创建完成后，我们可以通过控制信号 do0 来控制夹爪装置的打开和闭合。

60. 单击"仿真"功能选项卡下的"I/O仿真器"。

61. 将"过滤器"设为"数字输出"。

62. 单击"do0"，观察夹爪装置的状态。

通过创建机械装置和事件管理器，可实现通过点动信号和程序来控制工作站的设备。

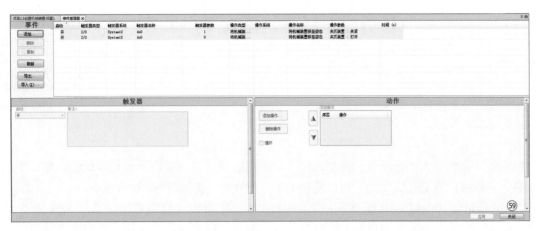

图 2-82

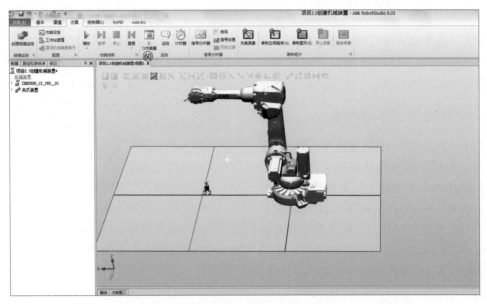

图 2-83

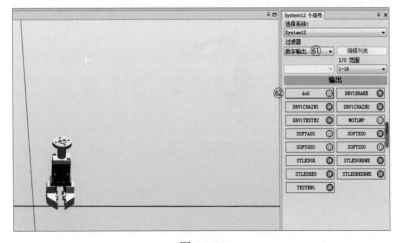

图 2-84

# 任务四　创建机器人用户工具

扫码看视频

【工作任务】
1. 设定工具的本地原点。
2. 创建工具坐标系框架。
3. 创建工具。

在构建工业机器人工作站时，机器人法兰盘末端会安装用户自定义的工具。我们希望的是用户工具能够像 RobotStudio 模型库中的工具一样，安装时能够自动安装到机器人法兰盘末端，并保证坐标方向一致，而且能够在工具的末端自动生成工具坐标系，从而避免工具方面的仿真误差。在本任务中，我们就来学习一下如何将导入的 3D 工具模型创建成具有机器人工作站特性的工具。

## 一、设定工具的本地原点

由于用户自定义的 3D 模型由不同的 3D 绘图软件绘制而成，转换成特定的文件格式后，导入到 RobotStudio 软件中会出现图形特征丢失的情况，在 RobotStudio 中做图形处理时某些关键特征无法处理。但是在多数情况下都可以采用变向的方式来达到同样的处理效果，本任务就特意选取了一个缺失图形特性的工具模型。

在创建过程中我们会遇到类似的问题，下面介绍针对此类问题的解决方法。

在图形处理过程中，为了避免工作站地面特征影响视线及捕捉，我们先将地面设定为隐藏。

设定工具的本地原点的具体操作如图 2-85 ~ 图 2-100 所示，步骤如下：

1. 通过"基本"功能选项卡的"导入几何体"导入工具模型"tGlueGun"（位于教材资源包的"工作站"—"项目二"中）。
2. 单击"文件"功能选项卡。
3. 单击"选项"。
4. 单击"外观"。
5. 取消勾选"显示地板"复选框。
6. 单击"应用"。
7. 单击"确定"。

回到"基本"功能选项卡，观察一下工具模型。

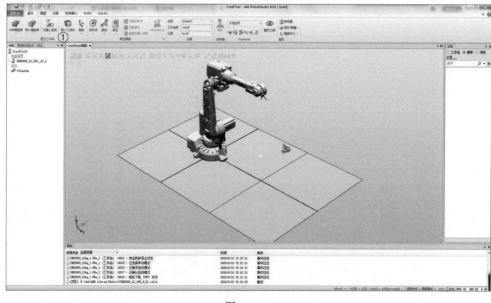

图　2-85

图　2-86

图　2-87

8. 观察工具末端。

9. 观察工具法兰盘端。

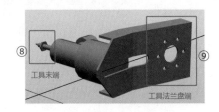

图　2-88

工具的安装原理：工具模型的本地坐标系与机器人法兰盘坐标系 Tool0 重合，工具末端的工具坐标系框架即作为机器人的工具坐标系，所以需要对此工具模型进行两步图形处理。首先在工具法兰盘端创建本地坐标系框架，之后在工具末端创建工具坐标系框架，这样自建的工具就有了与系统库里默认的工具同样的属性了。

下面来确定工具模型的位置，使其法兰盘所在面与大地坐标系正交，以便于处理坐标系

的方向。

10. 在"布局"窗口的"tGlueGun"上右击。

11. 选择"位置"—"放置"中的"两点"。

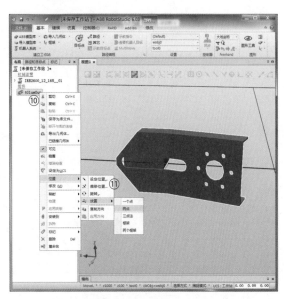

图　2-89

将工具法兰盘所在平面的上边缘与工作站大地坐标系的 X 轴重合。

12. 选取合适的捕捉工具。

13. 捕捉 A 点作为"主点 - 从"的坐标数据。

14. 捕捉 B 点作为"X 轴上的点 - 从"的坐标数据。

15. "主点 - 到"设为（0，0，0），"X 轴上的点 - 到"设为（100，0，0）。

16. 单击"应用"。

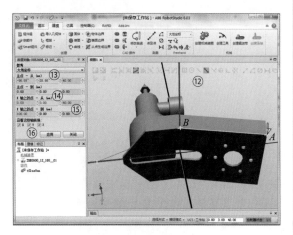

图　2-90

之后，为了便于观察及处理，将机器人模型隐藏。

17. 在"IRB2600_12_165__01"上右击。

18. 取消勾选"可见"复选框。

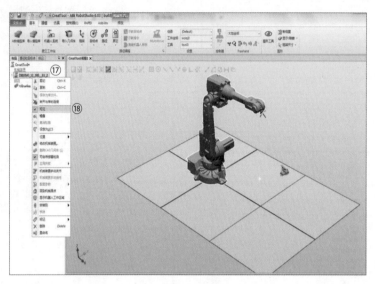

图 2-91

然后，需要将工具法兰盘圆孔中心作为该模型的本地坐标系的原点，但是由于模型特征丢失，导致无法用现有的捕捉工具捕捉到此中心点，所以换一种方式进行操作。

19. 单击"建模"功能选项卡中的"表面边界"。

20. 选取图中高亮显示的表面。

21. 单击"创建"。

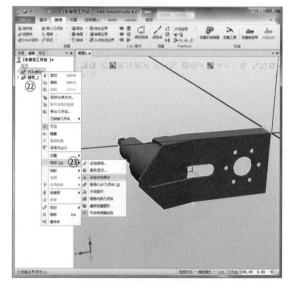

图 2-93

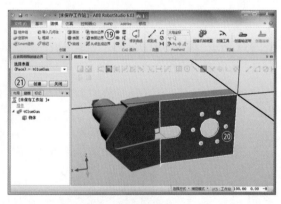

图 2-92

22. 在"tGlueGun"上单击右键。

23. 选择"修改"—"设定本地原点"。

24. 选择特征设定为"曲线"，捕捉特征设定为"圆心"。

25. 捕捉到该圆心。

26. "方向"全部设为 0，即保持现有的方向，然后单击"应用"。

27. 在"tGlueGun"上右击，选择"位置"—"设定位置"。

如图 2-96 所示，将所有数值设定为 0，即将工具模型移动至工作站大地坐标原点处。

28. 单击"应用"。

29. 设定完成。

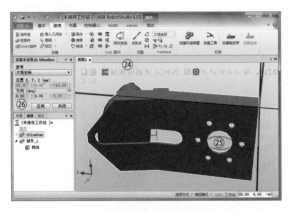

图　2-94

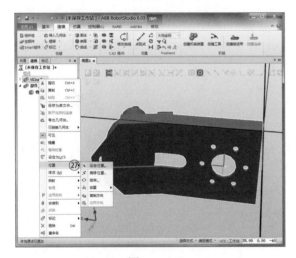

图　2-95

图　2-96

此时，工具模型的本地坐标系的原点已设定完成，但是本地坐标系的方向仍需进一步设定，这样才能保证当安装到机器人法兰盘末端时其工具姿态也是所想要的。对于工具本地坐标系方向的设定，在多数情况下可以参考如下经验：工具法兰盘表面与大地水平面重合，工具末端位于大地坐标系 $X$ 轴负方向。

接下来设定该工具模型本地坐标系的方向。

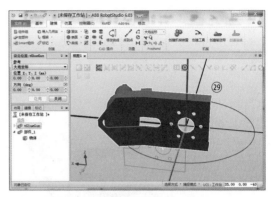

图　2-97

30. 将"设定位置：tGlueGun"中的"方向"设为（−90,0,180），然后单击"应用"。

31. 调整后工具的最终姿态如图 2-98 所示。

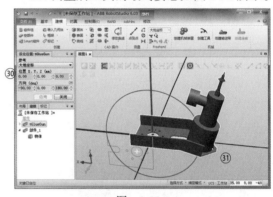

图　2-98

此时，大地坐标系的原点和方向与我们所想要的工具模型的本地原点和方向正好重合。下面再来设定本地原点。

32. 在"tGlueGun"上右击，单击"修改"—"设定本地原点"。

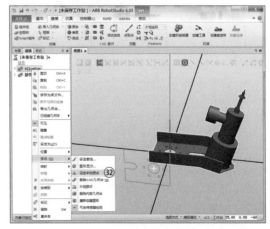

图　2-99

项目二　使用 RobotStudio 建模

33. "方向"全部设为 0，单击"应用"。

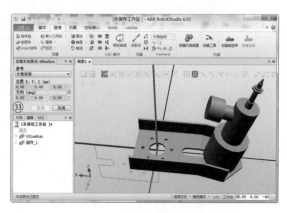

图 2-100

这样，该工具模型的本地坐标系的原点以及坐标系方向就已经全部设定完成了。

## 二、创建工具坐标系框架

需要在图 2-101 所示虚线框位置创建一个坐标系框架，在之后的操作中，将此框架作为工具坐标系框架。

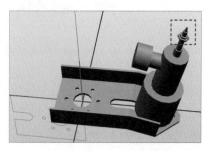

图 2-101

由于创建坐标系框架时需要捕捉原点，而工具末端特征丢失，难以捕捉到，所以此处还是采用上一任务中的方法。具体操作如图 2-102 ~ 图 2-109 所示，步骤如下：

1. 在"建模"功能选项卡中单击"表面边界"。

2. 捕捉此表面。

3. 单击"创建"。

4. 在"建模"功能选项卡中，单击"框架"下拉菜单中的"创建框架"。

5. 捕捉此段圆弧曲线的圆心 A 点作为坐标系框架的原点。

6. 单击"创建"。

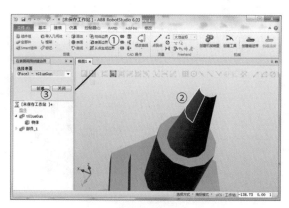

图 2-102

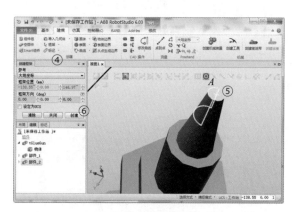

图 2-103

生成的框架如图 2-104 所示。接着设定坐标方向，一般期望的坐标的 Z 轴是与工具末端表面垂直的。

7. 选择"框架_1"，单击右键。

8. 单击"设定为表面的法线方向"。

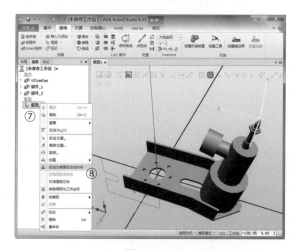

图 2-104

在 RobotStudio 中，坐标系中的蓝色表示 Z 轴正方向，绿色表示 Y 轴正方向，红色表示 X 轴正方向。

由于该工具模型末端表面丢失，所以捕捉不到，但是可以选择图 2-105 所示表面，因为此表面与期望捕捉的末端表面是平行关系。

9. 选取合适的捕捉工具捕捉此表面。

10. 单击"应用"。

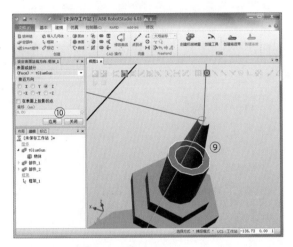

图　2-105

这样就完成了该框架 Z 轴方向的设定。至于其 X 轴和 Y 轴的方向，一般按照经验设定，只要保证前面设定的模型本地坐标系是正确的，X 轴、Y 轴采用默认的方向即可。创建的框架如图 2-106 所示。

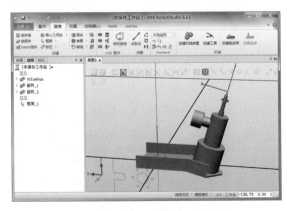

图　2-106

在实际应用过程中，工具坐标系原点一般与工具末端有一段间距，例如焊枪中的焊丝会伸出一段距离，或者激光切割枪、涂胶枪需与加工表面保持一定距离等。此处，只需将此框架沿着其本身的 Z 轴正向移动一定距离就能够满足实际需求，如图 2-107、图 2-108 所示。

11. 选择"框架_1"，单击右键，选择"设定位置"。

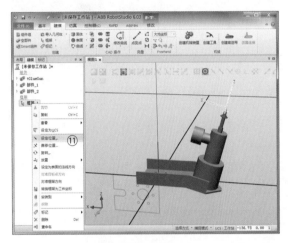

图　2-107

12. "参考"设为"本地"。

13. "位置 X、Y、Z"的 Z 值设定为 5。

14. 单击"应用"。

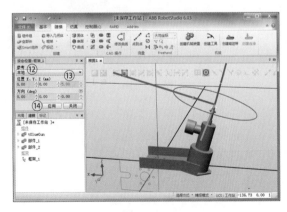

图　2-108

这样就完成了该框架的设定，如图 2-109 所示。

15. 框架在 Z 方向向外偏移了 5mm。

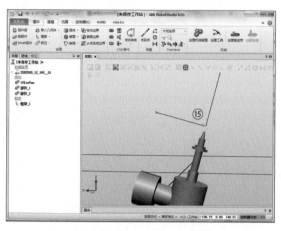

图 2-109

## 三、创建工具

创建工具操作如图 2-110 ~ 图 2-117 所示，步骤如下：

1. 在"建模"功能选项卡中，单击"创建工具"。

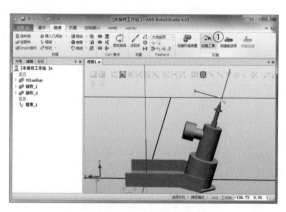

图 2-110

2. 在"Tool 名称"中输入"tGlueGun"。

3. 选择"使用已有的部件"。

4. 选择部件为"tGlueGun"。

5. "重量"设为 1。

6. 单击"下一个"。

7. "TCP 名称"采用默认的"tGlueGun"。

8. 在"数值来自目标点 / 框架"下拉列表中选择创建的"框架_1"。如果无法选择（未激活版本会有此问题），也可单击左侧窗口中的"框架_1"。

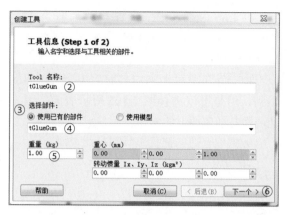

图 2-111

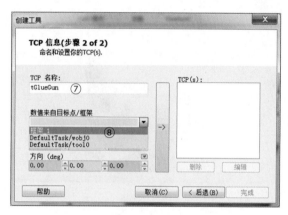

图 2-112

9. 单击导向键，将 TCP 添加到右侧窗口。

10. 单击"完成"。

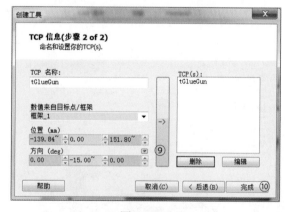

图 2-113

假如在一个工具上面创建多个工具坐标系，那就可根据实际情况创建多个坐标系框架，然后在此视图中将所有的 TCP 依次添加到右侧窗口中，这样就完成了工具的创建过程。接下来，把创建过程中所创建的辅助图形删除掉。

11."tGlueGun"图形显示已变成工具图标。

12.将"部件_1""部件_2""框架_1"删除。

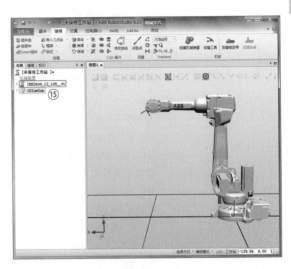

图 2-116

16.单击"是"。

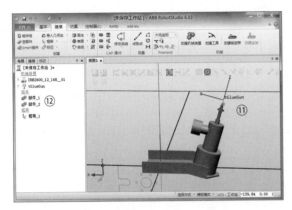

图 2-114

接下来将工具安装到机器人末端，来验证一下创建的工具是否能够满足需要。

13.在机器人"IRB2600_12_165__01"上单击右键。

14.勾选"可见"复选框。

图 2-117

如图2-118所示，可以看到，该工具已安装到机器人法兰盘上，安装位置及姿态正是所需的。至此已经完成了创建工具的整个过程。

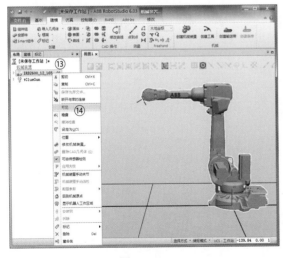

图 2-115

15.用鼠标左键把工具"tGlueGun"拖放到机器人"IRB2600_12_165__01"处。

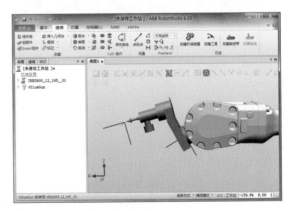

图 2-118

【学习检测】
自我学习检测评分表见表2-1。

表 2-1　自我学习检测评分表

| 项目 | 技术要求 | 分值/分 | 评分细则 | 评分记录 | 备注 |
|---|---|---|---|---|---|
| 建模功能的使用 | 1. 掌握简单建模的方法<br>2. 掌握模型的设定 | 15 | 1. 理解流程<br>2. 操作流程 | | |
| 正确使用测量工具进行测量 | 能够正确进行长度、角度、直径、最短距离的测量 | 15 | 1. 理解流程<br>2. 操作流程 | | |
| 创建机械装置 | 1. 能够创建夹爪机械装置<br>2. 尝试创建旋转式的机械装置 | 15 | 1. 理解流程<br>2. 操作流程 | | |
| 创建事件管理器 | 能够创建控制夹爪装置的事件管理器 | 15 | 1. 理解流程<br>2. 操作流程 | | |
| 创建工具 | 1. 设定本地原点<br>2. 创建坐标系框架<br>3. 创建工具 | 20 | 1. 理解流程<br>2. 操作流程 | | |
| 安全操作 | 符合上机实训操作要求 | 20 | | | |

# 项目三　工业机器人离线轨迹编程

## 任务一　创建机器人离线轨迹曲线路径

【工作任务】

1. 创建机器人激光切割曲线。

2. 生成机器人激光切割路径。

在工业机器人轨迹应用过程中，如切割、涂胶、焊接等，常需要处理一些不规则曲线。通常的做法是采用描点法，即根据工艺精度要求去示教相应数量的目标点，从而生成机器人的轨迹。此种方法费时、费力且不容易保证轨迹精度。图形化编程即根据3D模型的曲线特征自动转换成机器人的运行轨迹。此种方法省时、省力且容易保证轨迹精度。在本任务中就来学习一下如何根据三维模型曲线特征，利用RobotStudio自动路径功能自动生成机器人激光切割的运行轨迹路径。

### 一、创建机器人激光切割曲线

解压教材资源包中"工作站"—"项目三"下的工作站，解压后如图3-1所示。

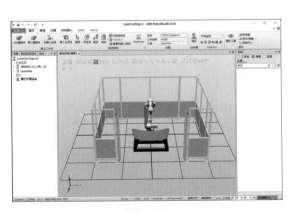

图　3-1

在本任务中，以激光切割为例，机器人需要沿着工件的外边缘进行切割。此运行轨迹为3D曲线，可根据现有工件的3D模型直接生成机器人运行轨迹，通过机器人离线轨迹编程以及轨迹调试，可达到模拟仿真运行的效果。操作过程如图3-2～图3-4所示，步骤如下：

1. 在"建模"功能选项卡中，单击"表面边界"。

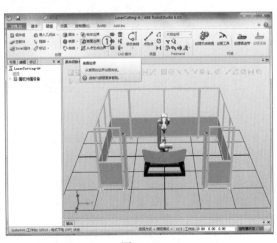

图　3-2

2. "选择工具"选择"表面"。

3. 选择工件上表面。

4. 单击"创建"。

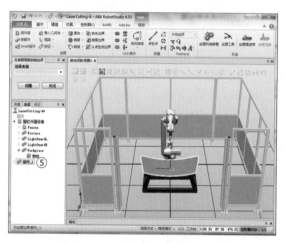

图　3-3

5. "部件_1" 即为生成的曲线。

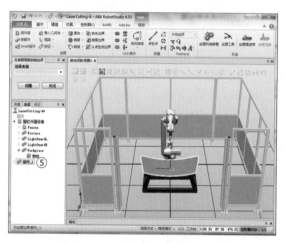

图　3-4

## 二、生成机器人激光切割路径

接下来根据生成的 3D 曲线自动生成机器人的运行轨迹。在轨迹应用过程中，通常需要创建用户坐标系以方便进行编程以及路径修改。用户坐标系的创建一般以加工工件的固定装置的特征点为基准。在本任务中，我们将创建图 3-5 所示的用户坐标系。

在实际应用过程中，固定装置上面一般设有定位销，用于保证加工工件与固定装置间的相对位置精度。所以建议以定位销为基准来创建用户坐标系，这样更容易保证其定位精度。

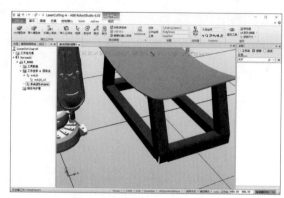

图　3-5

生成机器人激光切割路径的操作如图 3-6 ~ 图 3-15 所示，步骤如下：

1. 在 "基本" 功能选项卡中，单击 "其它"，选择 "创建工件坐标"。

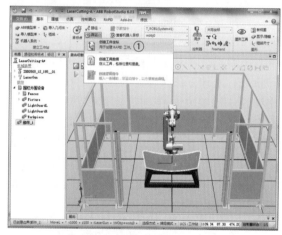

图　3-6

2. 将 "名称" 修改为 "WobjFixture"。

3. 单击 "用户坐标框架" 中的 "取点创建框架"。

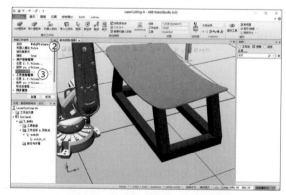

图　3-7

4. 选择"三点"法，依次捕捉三个点位，创建坐标系。

5. 单击"Accept"。

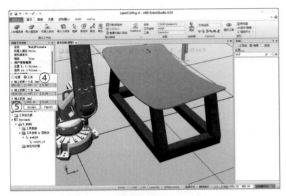

图 3-8

6. 单击"创建"。

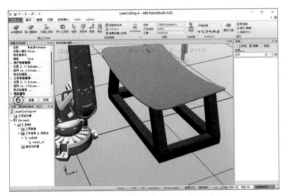

图 3-9

7. 设置"工件坐标"为"WobjFixture"，"工具"为"tLaserGun"。

8. 运动指令设定栏如图 3-10 所示。

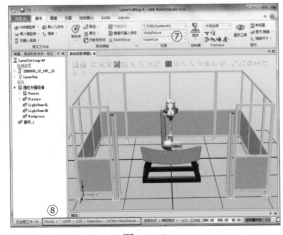

图 3-10

9. 在"基本"功能选项卡中，单击"路径"，选择"自动路径"。

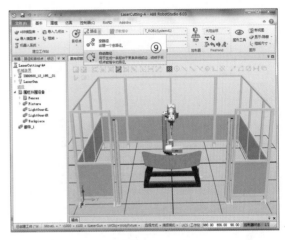

图 3-11

10. 选择捕捉工具"曲线"。

11. 捕捉之前所创建的曲线。

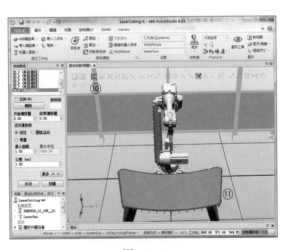

图 3-12

12. 选择捕捉工具"表面"。

13. 在"参照面"框中单击。

14. 捕捉工件上表面。

在图 3-13 所示的"自动路径"选项框中，"反转"指轨迹运行方向反转，默认为顺时针运行，反转后则为逆时针运行。"参照面"指生成的目标点的 Z 轴方向与选定表面处于垂直状态。"近似值参数"用途说明见表 3-1。

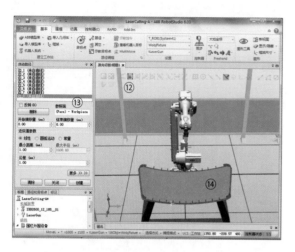

图 3-13

表 3-1 "近似值参数"用途说明

| 选　　项 | 用途说明 |
|---|---|
| 线性 | 为每个目标生成线性指令，圆弧作为分段线性处理 |
| 圆弧运动 | 在圆弧特征处生成圆弧指令，在线性特征处生成线性指令 |
| 常量 | 生成具有恒定间隔距离的点 |
| 最小距离 | 设置两生成点之间的最小距离，即小于该最小距离的点将被过滤掉 |
| 最大半径 | 在将圆弧视为直线前确定圆的半径大小，直线视为半径无限大的圆 |
| 公差 | 设置生成点所允许的几何描述的最大偏差 |

15. 设定"近似值参数"，单击"创建"。

需要根据不同的曲线特征来选择不同类型的近似值参数类型。通常情况下选择"圆弧运动"，这样在处理曲线时，线性部分执行线性运动，圆弧部分执行圆弧运动，不规则曲线部分则执行分段式的线性运动；而"线性"和"常量"都是固定的模式，即全部按照选定的模式

对曲线进行处理，使用不当会产生大量的多余点位，或者路径精度不满足工艺要求。在本任务中，大家可以切换不同的近似值参数类型，观察一下自动生成的目标点位，从而进一步理解各参数类型下所生成路径的特点。

图 3-14

设定完成后，就自动生成了机器人路径Path_10。在后面的任务中会对此路径进行处理，并转换成机器人程序代码，完成机器人轨迹程序的编写。

16. 自动生成的机器人路径Path_10如图3-15所示。

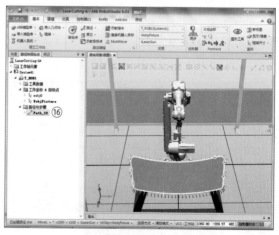

图 3-15

扫码看视频

# 任务二　机器人目标点调整及轴配置参数

【工作任务】

1. 机器人目标点调整。

2. 机器人轴配置参数调整。

3. 完善程序并仿真运行。

4. 了解离线轨迹编程的关键点。

在前面的任务中已根据工件边缘曲线自动生成了一条机器人运行轨迹 Path_10，但是机器人暂时还不能直接按照此条轨迹运行，因为部分目标点姿态机器人还难以到达。在本任务中，就来学习如何修改目标点的姿态，从而让机器人能够达到各个目标点，然后进一步完善程序并进行仿真。

## 一、机器人目标点调整

机器人目标点调整过程如图 3-16 ~ 图 3-22 所示，步骤如下：

首先来查看一下上一个任务中自动生成的目标点。

1. 在"基本"功能选项卡中，单击"路径和目标点"选项卡。

2. 依次展开"T_ROB1"/"工件坐标 & 目标点"/"WobjFixture"/"WobjFixture_of"，即可看到自动生成的各个目标点。

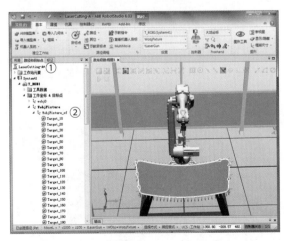

图　3-16

在调整目标过程中，为了便于查看工具在此状态下的效果，可以在目标点位置处显示工具。

3. 右击目标点"Target_10"，选择"查看目标处工具"，勾选本工作站中的工具名称"Laser-Gun"。

4. 在目标点"Target_10"处显示出工具。

如图 3-17 所示的目标点 Target_10 处的工具姿态，机器人难以到达该目标点。此时可以改变一下该目标点的姿态，从而使机器人能够到达该目标点。

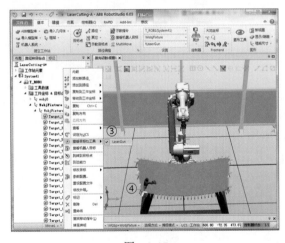

图　3-17

5. 右击目标点"Target_10"，选择"修改目标"—"旋转"。

在该目标点处，只需使该目标点绕着其本身的 Z 轴旋转 -90° 即可。

6. "参考"选择"本地"，即参考该目标点本身的 X、Y、Z 方向。

7. 选择"Z"，输入 -90，并单击"应用"。

项目三　工业机器人离线轨迹编程

55

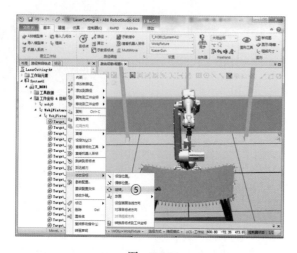

图 3-18

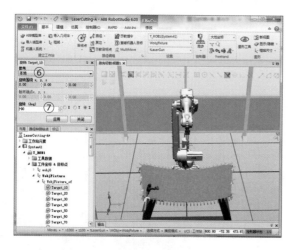

图 3-19

8. 目标点处的工具姿态已修改完成。

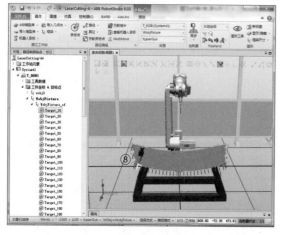

图 3-20

接着修改其他目标点。在处理大量目标点时，可以批量处理。在本任务中，当前自动生成的目标点的 $Z$ 轴方向均为工件上表面的法线方向，在此 $Z$ 轴无须做更改。通过上述步骤中目标点 Target_10 的调整结果可知，只需调整各目标点的 $X$ 轴方向即可。

利用键盘〈Shift〉键以及鼠标左键，选中剩余的所有目标点，然后进行统一调整。

9. 右击选中的目标点，选择"修改目标"—"对准目标点方向"。

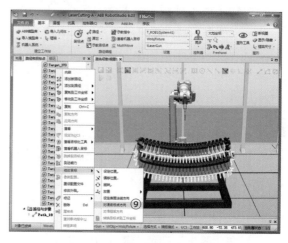

图 3-21

10. 单击"参考"框。单击目标点"Target_10"。

11. "对准轴"设为"X"，"锁定轴"设为"Z"，单击"应用"。

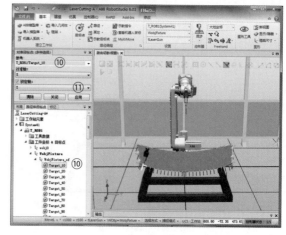

图 3-22

这样就将剩余所有目标点的 $X$ 轴方向对准了已调整好姿态的目标点 Target_10 的 $X$ 轴方向。选中所有目标点，即可看到所有目标点的方向均已调整完成，如图 3-23 所示。

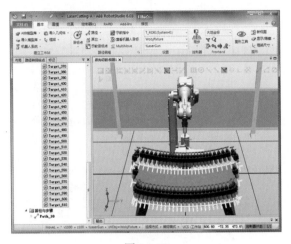

图 3-23

## 二、机器人轴配置参数调整

机器人到达目标点，可能存在多种关节轴组合情况，即有多种轴配置参数。需要为自动生成的目标点调整轴配置参数，过程如图 3-24 ~ 图 3-28 所示，步骤如下：

1. 右击目标点"Target_10"，单击"参数配置"。

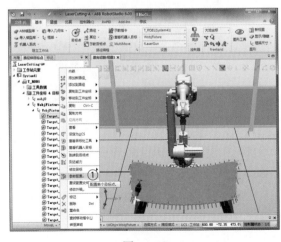

图 3-24

若机器人能够到达当前目标点，则在轴配置列表中可以查看该目标点的轴配置参数。

2. 选择合适的轴配置参数，并单击"应用"。

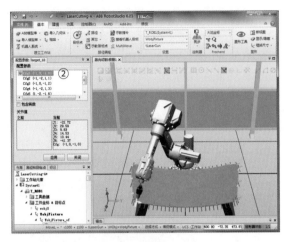

图 3-25

选择轴配置参数时，可查看该属性框中"关节值"（图 3-26）中的数值，以做参考。

图 3-26

"之前"：目标点原先配置对应的各关节轴度数。

"当前"：当前所选轴配置所对应的各关节轴度数。

因机器人的部分关节轴运动范围超过360°，例如本任务中的机器人 IRB2600 关节轴 6 的运动范围为 -400° ~ +400°，即范围为800°，则同一个目标点位置，假如机器人关节轴 6 为 60°时可以到达，那么关节轴 6 处于 -300° 时同样也可以到达。若想详细设定机器人到达该目标点时各关节轴的度数，可勾选"包含转数"复选框。

本任务中，暂时使用默认的第一种轴配置参数，选择"Cfg1（-1，0，-1，0）"。

在路径属性中，可以为所有目标点自动调整轴配置参数。机器人为各个目标点自动匹配轴配置参数，然后让机器人按照运动指令运行。请注意观察机器人的运动。

3. 展开"路径与步骤"，右击"Path_10"，选择"配置参数"—"自动配置"。

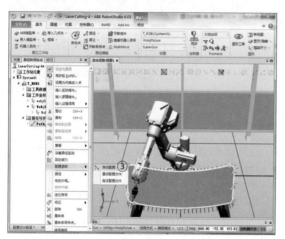

图 3-27

4. 右击"Path_10"，单击"沿着路径运动"。

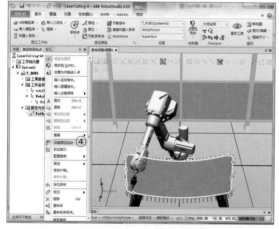

图 3-28

## 三、完善程序并运行仿真

轨迹完成后，下面来完善一下程序，需要添加轨迹起始接近点、轨迹结束离开点以及安全位置 HOME 点，过程如图 3-29 ～图 3-45 所示。

起始接近点 pApproach 相对于起始点 Target_10 来说，只是沿着其本身 Z 轴方向偏移一定距离。

1. 右击"Target_10"，选择"复制"。

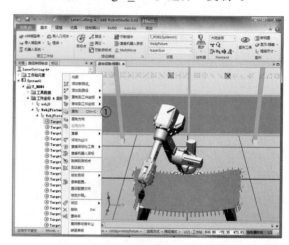

图 3-29

2. 右击工件坐标系"WobjFixture"，选择"粘贴"。

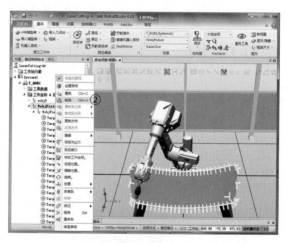

图 3-30

将复制生成的新目标点重新命名为 pApproach，然后调整其位置。

3. 将"Target_10_2"修改为"pApproach"。右击"pApproach"，选择"修改目标"—"偏移位置"。

4. "参考"设为"本地"，"Translation"的 Z 值输入 -100，单击"应用"。

将该目标点添加到路径 Path_10 中的第一行。

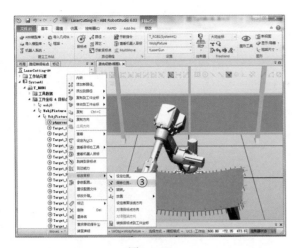

图 3-31

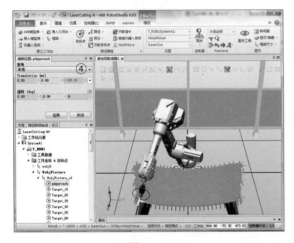

图 3-32

5. 右击"pApproach",依次选择"添加到路径"—"Path_10"—"〈第一〉"。

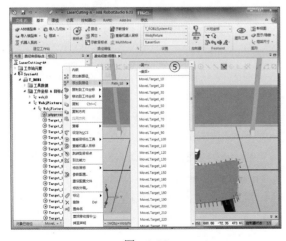

图 3-33

接着添加轨迹结束离开点 pDepart。参考上述步骤,复制轨迹的最后一个目标点"Target_630",作偏移调整后,添加至 Path_10 的最后一行。

6. 参考上述步骤,添加轨迹结束离开点"pDepart"。

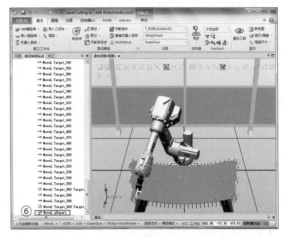

图 3-34

然后添加安全位置 HOME 点 pHome,为机器人示教一个安全位置点。此处进行简化处理,直接将机器人默认原点位置设为 HOME 点。

首先在"布局"选项卡中让机器人回到机械原点。

7. 右击机器人"IRB2600",选择"回到机械原点"。

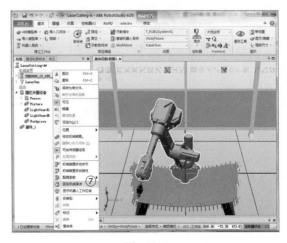

图 3-35

HOME 点一般在 wobj0 坐标系中建立。

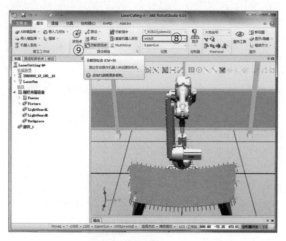

8. "工件坐标"选为"wobj0"。

9. 单击"示教目标点"。

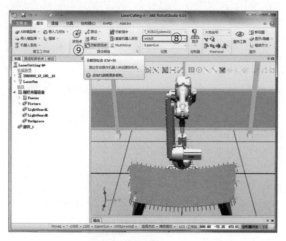

图 3-36

将示教生成的目标点重命名为"pHome"，并将其添加到路径Path_10的第一行和最后一行，即运动起始点和运动结束点都在HOME位置。

10. 将"Target_640"修改为"pHome"。右击"pHome"，选择"添加到路径"—"Path_10"—〈第一〉，然后重复步骤，添加至〈最后〉。

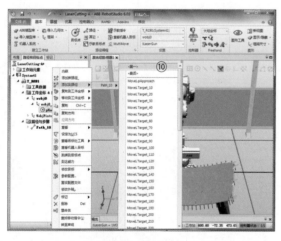

图 3-37

修改HOME点、轨迹起始处、轨迹结束处的运动类型、速度、转弯半径等参数。

11. 在"Path_10"中右击"MoveL pHome"，选择"编辑指令"。

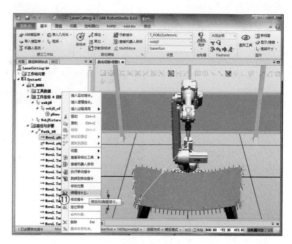

图 3-38

按照图3-39所示参数进行更改，更改完成后单击"应用"。

图 3-39

按照上述步骤更改轨迹起始处、轨迹结束处的运动参数。指令更改可参考如下设定：

MoveJ  pHome,v300,z20,tLaserGun\wobj:=wobj0;

MoveJ  pApproach,v100,z5,tLaserGun\wobj:=wobjFixture;

MoveL  Target_10,v100,fine,tLaserGun\wobj:=wobjFixture;

MoveL  Target_20,v100,z5,tLaserGun\wobj:=wobjFixture;

MoveL  Target_30,v100,z5,tLaserGun\wobj:=wobjFixture;

⋮

MoveL  Target_610,v100,z5,tLaserGun\
wobj:=wobjFixture;

MoveL  Target_620,v100,z5,tLaserGun\
wobj:=wobjFixture;

MoveL  Target_630,vl00,fine,tLaserGun\
wobj:=wobjFixture;

MoveL  pDepart,v100,z20,tLaserGun\
wobj:=wobjFixture;

MoveJ  pHome,v300,fine,tLas erGun\
wobj:=wobj0 ;

修改完成后，再次为 Path_10 进行一次轴配置自动调整。

12. 右击"Path_10"，选择"配置参数"—"自动配置"。

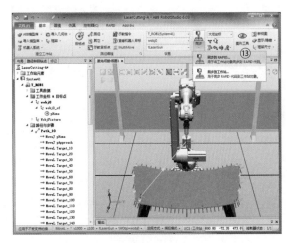

图 3-41

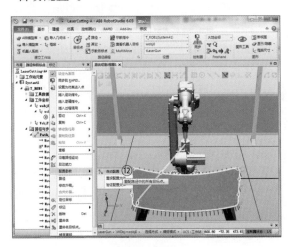

图 3-40

若无问题，则可将路径 Path_10 同步到RAPID，转换成 RAPID 代码。

13. 在"基本"功能选项卡下，单击"同步"—"同步到 RAPID"。

14. 勾选所有同步内容。

15. 单击"确定"。

接下来进行仿真设定。

16. 在"仿真"功能选项卡中，单击"仿真设定"。

将 Path_10 导入到进入点中。

17. 选择机器人"T_ROB1"，在"进入点"列表中选择"Path_10"，然后单击"关闭"。

图 3-42

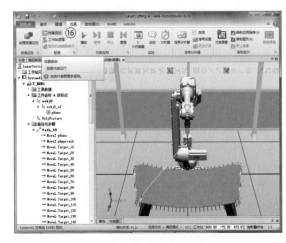

图 3-43

执行仿真，查看机器人运行轨迹。

18. 单击"仿真"功能选项卡中的"播放"。

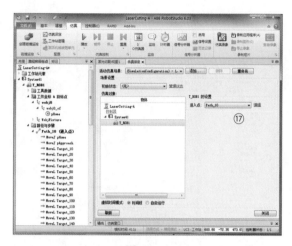

图 3-44

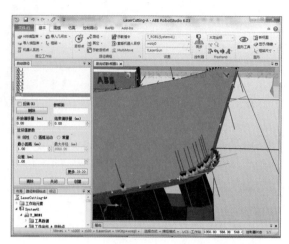

图 3-46

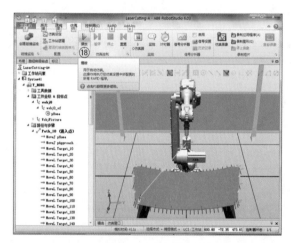

图 3-45

## 四、离线轨迹编程的关键点

在离线轨迹编程中，最为关键的三步是图形曲线、目标点调整、轴配置调整。在此作几点说明：

### （一）图形曲线

1. 生成曲线，除了本任务中"先创建曲线再生成轨迹"的方法外，还可以直接去捕捉 3D 模型的边缘进行轨迹的创建，如图 3-46 所示。在创建自动路径时，可直接用鼠标去捕捉边缘，从而生成机器人运动轨迹。

2. 对于一些复杂的 3D 模型，导入到 RobotStudio 中后，其某些特征可能会出现丢失。此外 RobotStudio 专注于机器人运动，只提供基本的建模功能，所以在导入 3D 模型之前，建议在专业的制图软件中进行处理，可以在数模表面绘制相关曲线，导入 RobotStudio 后，根据这些已有的曲线直接转换成机器人轨迹。例如，利用 SolidWorks 软件"特征"菜单中的"分割线"功能就能够在 3D 模型上面创建实体曲线。

3. 在生成轨迹时，需要根据实际情况，选取合适的近似值参数并调整数值大小，如图 3-47 所示。

### （二）目标点调整

目标点调整方法有多种，在实际应用过程中，单单使用一种调整方法难以将目标点一次性调整到位，尤其是对工具姿态要求较高的工艺需求场合，通常是综合运用多种方法进行多次调整。建议在调整过程中先对单一目标点进行调整，反复尝试调整完成后，其他目标点某些属性可以参考调整好的第一个目标点进行方向对准。

### （三）轴配置调整

在为目标点进行轴配置过程中，若轨迹较长，可能会遇到相邻两个目标点之间轴配置变化过大，从而在轨迹运行过程中出现"机器人当前位置无法跳转到目标点位置，请检查轴配置"等问题。此时，我们可以从以下几项措施着手进行更改：

1. 轨迹起始点尝试使用不同的轴配置参数，如有需要可勾选"包含转数"复选框之后再选择轴配置参数。

2. 尝试更改轨迹起始点位置。

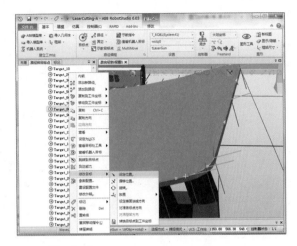

图 3-47

# 任务三　机器人离线轨迹编程辅助工具

## 【工作任务】

1. 机器人碰撞监控功能的使用。

2. 机器人 TCP 跟踪功能的使用。

扫码看视频

在仿真过程中，规划好机器人运行轨迹后，一般需要验证当前机器人轨迹是否会与周边设备发生干涉，这时可使用碰撞监控功能进行检测；此外，机器人执行完运动后，我们需要对轨迹进行分析，查看机器人轨迹到底是否满足需求，这时可通过 TCP 跟踪功能将机器人运行轨迹记录下来，用作后续分析资料。

## 一、机器人碰撞监控功能的使用

模拟仿真的一个重要任务是验证轨迹可行性，即验证机器人在运行过程中是否会与周边设备发生碰撞。此外在轨迹应用过程中，例如焊接、切割等，机器人工具实体尖端与工件表面的距离需保证在合理范围之内，即既不能与工件发生碰撞，也不能距离过大，从而保证工艺需求。在 RobotStudio 软件的"仿真"功能选项卡中，有专门用于检测碰撞的功能——"碰撞监控"。使用碰撞监控功能的过程如图 3-48 ~ 图 3-56 所示，步骤如下：

在"布局"窗口中生成"碰撞检测设定_1"。

1. 在"仿真"功能选项卡中，单击"创建碰撞监控"。

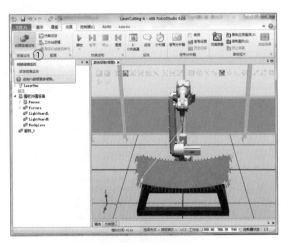

图 3-48

2. 展开"碰撞检测设定_1"，显示"ObjectsA"和"ObjectsB"。

碰撞集包含 ObjectsA 和 ObjectsB 两组对象。我们需要将检测的对象放入到两组中，从而检测两组对象之间的碰撞。当 ObjectsA 内任

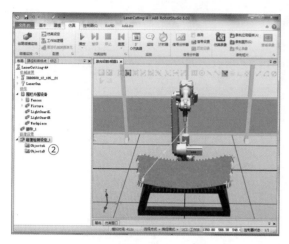

图 3-49

何对象与 ObjectsB 内任何对象发生碰撞,此碰撞将显示在图形视图里,并记录在输出窗口内。可在工作站内设置多个碰撞集,但每一个碰撞集仅能包含两组对象。

在"布局"窗口中,可以用鼠标左键将需要检测的对象拖放到对应的组别。

3. 将工具"LaserGun"拖放到"ObjectsA"组中。

4. 将工件"Workpiece"拖放到"ObjectsB"组中。

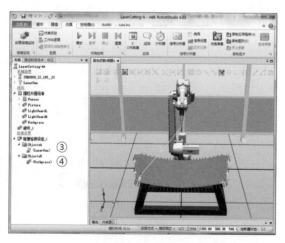

图 3-50

然后设定碰撞监控属性。

5. 右击"碰撞检测设定 _1",选择"修改碰撞监控"。

图 3-51

"修改碰撞设置:碰撞检测设定 _1"对话框如图 3-52 所示,其中:

图 3-52

"接近丢失":当选择的两组对象之间的距离小于该数值时,颜色提示。

"突出显示碰撞":选择的两组对象之间发生了碰撞,则显示颜色。

两种监控均有对应的颜色设置。

在此处,先暂时不设定"接近丢失"数值,"碰撞颜色"默认为红色;然后可以先利用手动拖动方式,拖动机器人工具与工件发生碰撞,查看一下碰撞监控效果。

6. 在"基本"功能选项卡的"Freehand"中选中"手动线性"。

7. 单击工具末端,出现框架则可线性拖动。

8. 拖动工具与工件发生接触,则显示颜色,并且在输出框中显示相关碰撞信息。

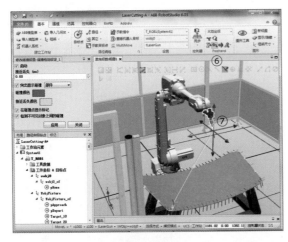

图 3-53

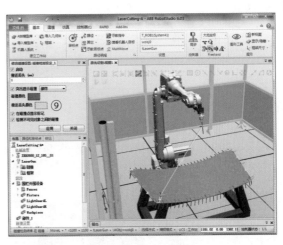

图 3-55

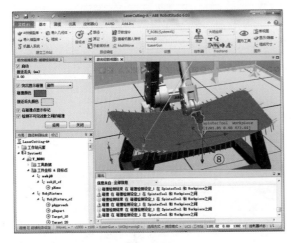

图 3-54

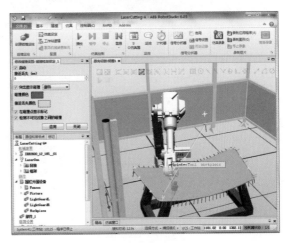

图 3-56

接下来我们设定"接近丢失"。在本任务中，机器人工具 TCP 的位置相对于工具的实体尖端来说，沿着其 Z 轴正方向偏移了 5mm，这样在"接近丢失"中设定 6mm，则机器人在执行整体轨迹的过程中，可监控机器人工具是否与工件之间距离过远。若过远，则不显示接近丢失颜色。另外，可监控工具与工件之间是否发生碰撞。若碰撞，则显示碰撞颜色。

9. 机器人回到原点位置，"接近丢失"距离设为 6mm，"接近丢失颜色"使用默认的黄色，单击"应用"。

最后执行仿真。初始接近过程中，工具和工件都是初始颜色；而当开始执行工件表面轨迹时，工具和工件则显示接近丢失颜色。界面如图 3-56 所示。

显示接近丢失颜色，即证明机器人在运行该轨迹过程中，工具既未与工件距离过远，又未与工件发生碰撞。

## 二、机器人 TCP 跟踪功能的使用

在机器人运行过程中，我们可以监控 TCP 的运动轨迹以及运动速度，以便分析时用。

为了便于观察，先将之前的碰撞监控关闭。机器人 TCP 跟踪功能的使用过程如图 3-57 ~ 图 3-65 所示，步骤如下：

图 3-57

项目三 工业机器人离线轨迹编程

1. 取消勾选"启动"复选框,单击"应用"。

2. 单击"仿真"功能选项卡中的"监控"。

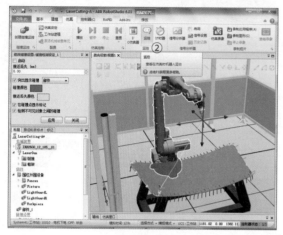

图 3-58

"仿真监控"对话框如图 3-59 所示。

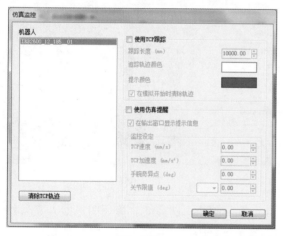

图 3-59

"使用 TCP 跟踪"选项组功能说明见表 3-2。

表 3-2 "使用 TCP 跟踪"选项组功能说明

| 选项 | 功能说明 |
|---|---|
| 使用 TCP 跟踪 | 勾选此复选框可对选定机器人的 TCP 路径启动跟踪 |
| 跟踪长度 | 指定最大轨迹长度(以 mm 为单位) |
| 追踪轨迹颜色 | 当未启用任何警告时显示跟踪的颜色。要更改提示颜色,单击彩色框 |
| 提示颜色 | 当"使用仿真提醒"选项组中所定义的任何警告超过临界值时,显示跟踪的颜色。要更改提示颜色,单击彩色框 |
| 在模拟开始时清除轨迹 | 勾选此复选框可在模拟开始时清除轨迹 |

"使用仿真提醒"选项组功能说明见表 3-3。

表 3-3 "使用仿真提醒"选项组功能说明

| 选项 | 功能说明 |
|---|---|
| 使用仿真提醒 | 勾选此复选框可对选定机器人启动仿真提醒 |
| 在输出窗口显示提示信息 | 勾选此复选框可在超过临界值时查看警告消息。如果未启用 TCP 跟踪,则只显示警报 |
| TCP 速度 | 指定 TCP 速度警报的临界值 |
| TCP 加速度 | 指定 TCP 加速度警报的临界值 |
| 手腕奇异点 | 指定在发出警报之前关节五与零点旋转的接近程度 |
| 关节限值 | 指定在发出警报之前每个关节与其限值的接近程度 |

为了便于观察 TCP 轨迹,此处先将工作站中的路径和目标点隐藏。

3. 在"基本"功能选项卡中,单击"显示 / 隐藏",取消勾选"全部目标点 / 框架"和"全部路径"复选框。

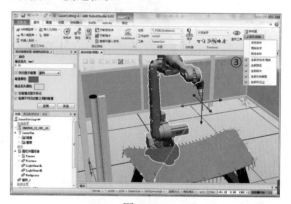

图 3-60

本任务中作如下监控:

记录机器人切割任务的轨迹,轨迹颜色为白色,为保证记录长度,可将跟踪长度设定得大一些;监控机器人速度是否超 350mm/s,警告颜色为红色。

4. 勾选"使用 TCP 跟踪"复选框,"跟踪长度"设为 100000。

5. "追踪轨迹颜色"设为白色,"提示颜色"设为红色。

6. 勾选"使用仿真提醒"复选框,并把"TCP 速度"设为 350,单击"确定"。

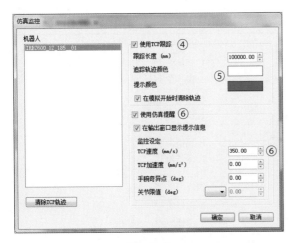

图　3-61

7.在"仿真"功能选项卡中,单击"播放"。

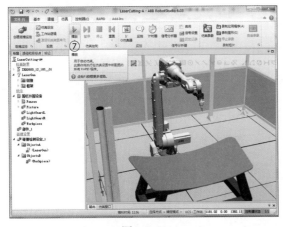

图　3-62

8.开始记录机器人运行轨迹,并监控机器人运行速度是否超出限值。

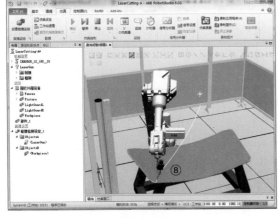

图　3-63

机器人运行完成后,可根据记录的机器人轨迹进行分析。完成后的界面如图3-64所示。

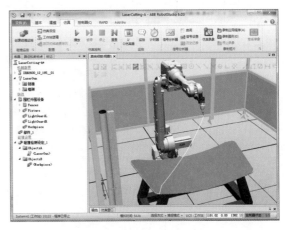

图　3-64

若想清除记录的轨迹,可在"仿真监控"对话框中清除。

9.单击"清除TCP轨迹",可将记录的轨迹清除。

图　3-65

【学习检测】
自我学习检测评分表见表3-4。

表 3-4　自我学习检测评分表

| 项目 | 技术要求 | 分值/分 | 评分细则 | 评分记录 | 备注 |
|---|---|---|---|---|---|
| 创建机器人离线轨迹曲线 | 能够熟练创建机器人离线轨迹曲线 | 20 | 1. 理解流程<br>2. 操作流程 | | |
| 生成机器人离线轨迹曲线路径 | 能够熟练生成机器人离线轨迹曲线路径 | 20 | 1. 理解流程<br>2. 操作流程 | | |
| 机器人目标点调整及轴配置参数 | 1. 学会机器人目标点调整<br>2. 学会机器人轴配置参数调整<br>3. 完善程序并运行仿真 | 20 | 1. 理解流程<br>2. 操作流程 | | |
| 离线轨迹编程的关键点 | 灵活运用离线轨迹编程技巧 | 15 | 理解与掌握 | | |
| 机器人离线轨迹编程辅助工具 | 1. 学会机器人碰撞监控功能的使用<br>2. 学会机器人 TCP 跟踪功能的使用 | 15 | 1. 理解流程<br>2. 操作流程 | | |
| 安全操作 | 符合上机实训操作要求 | 10 | | | |

# 项目四　仿真软件的应用

## 任务一　应用 Smart 组件创建动态输送链

【工作任务】

1. 应用 Smart 组件设定输送链产品源。
2. 应用 Smart 组件设定输送链运动属性。
3. 应用 Smart 组件设定输送链限位传感器。
4. 创建 Smart 组件的属性与连结<sup>⊖</sup>。
5. 创建 Smart 组件的信号与连接。
6. Smart 组件的模拟动态运行。

扫码看视频

在 RobotStudio 中创建码垛的仿真工作站，输送链的动态效果对整个工作站起到关键作用。Smart 组件就是在 RobotStudio 中实现动画效果的高效工具。Smart 组件输送链动态效果包含输送链前端自动生成产品、产品随着输送链向前运动、产品到达输送链末端后停止运动、产品被移走后输送链前端再次生成产品，依次循环。下面创建一个拥有动态属性的 Smart 输送链来体验一下 Smart 组件的强大功能。

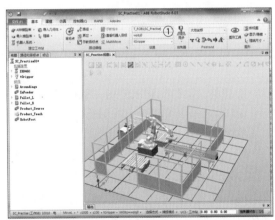

图　4-1

### 一、设定输送链的产品源（Source）

设定输送链产品源的过程如图 4-1 ～ 图 4-4 所示，步骤如下：

1. 解压教材资源包中"工作站"—"项目四"下的工作站。

2. 在"建模"功能选项卡中，单击"Smart 组件"，新建一个 Smart 组件。

3. 右击该组件，将其命名为"SC_InFeeder"。

4. 单击"添加组件"。

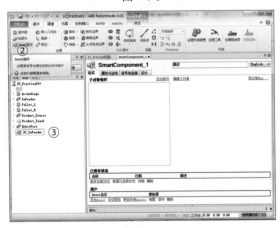

图　4-2

---

⊖　"连结"应为"联结"，为与软件保持一致，本书采用"连结"。

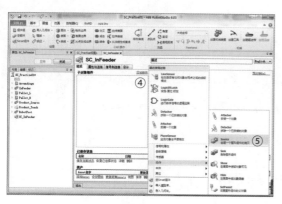

图　4-3

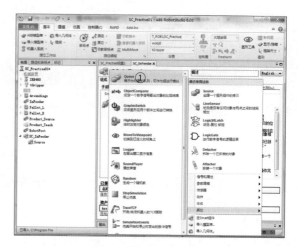

图　4-5

图　4-4

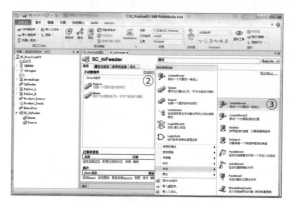

图　4-6

5. 选择"动作"列表中的"Source"。

6. "Source"栏设为"Product_Source"。

7. 设置完成后单击"应用"。

子组件 Source 用于设定产品源，每当触发一次 Source 执行，都会自动生成一个产品源的复制品。此处将码垛产品设为产品源，则每次触发后都会产生一个码垛产品的复制品。

## 二、设定输送链的运动属性

设定输送链运动属性的过程如图 4-5～图 4-7 所示，步骤如下：

1. 单击"添加组件"，选择"其它"列表中的"Queue"。

子组件 Queue 可以将同类型物体作队列处理，此处暂时不需要设置 Queue 的属性。

2. 单击"添加组件"。

3. 选择"本体"列表中的"LinearMover"。

4. "Object"设为"SC_InFeeder/Queue"。

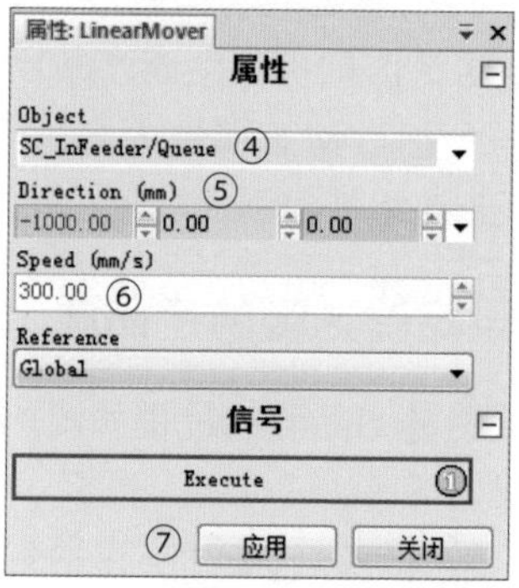

图　4-7

5. "Direction"中第一项数值设为 -1000。

6. "Speed"设为 300。

7. "Execute"设置为 1，单击"应用"。

子组件 LinearMover 用于设定运动属性，其属性包含指定运动物体、运动方向、运动速度、参考坐标系等。此处将之前设定的 Queue 设为运动物体，运动方向为大地坐标的 X 轴负方向（-1000mm），速度为300mm/s，将 Execute 设置为1，则该运动处于一直执行的状态。

## 三、设定输送链限位传感器

设定输送链限位传感器的过程如图 4-8 ~ 图 4-15 所示，步骤如下：

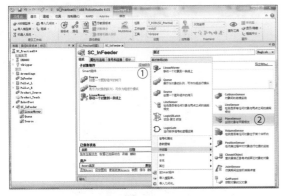

图　4-8

1. 单击"添加组件"。

2. 选择"传感器"列表中的"PlaneSensor"。

在输送链末端的挡板处设置面传感器，设定方法为捕捉一个点作为面的原点 A，然后设定基于原点 A 的两个延伸轴的方向及长度（参考大地坐标方向），这样就构成了一个平面。

在此工作站中，可以直接将图 4-9 所示"属性"窗口中的数值输入到对应的数值框中来创建平面，此平面作为面传感器来检测产品是否到位，并会自动输出一个信号，用于逻辑控制。

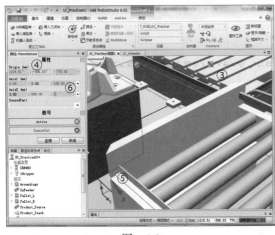

图　4-9

图　4-10

3. 选择合适的捕捉方式。

4. 单击"Origin"输入框。

5. 单击一下 A 点，作为原点。

6. 将图 4-9 所示数值输入到"Axis1"和"Axis2"。

7. 参数设定完成后单击"应用"。

8. 在输送链末端创建一个面传感器。

虚拟传感器一次只能检测一个物体，所以这里需要保证所创建的传感器不能与周边设备接触，否则无法检测运动到输送链末端的产品。可以在创建时避开周边设备，但通常将可能与该传感器接触的周边设备的属性设为"不可由传感器检测"。

9. 在"建模"或"布局"窗口中右击"InFeeder"。

10. 选择"修改"，单击"可由传感器检测"，将前面的钩去掉。

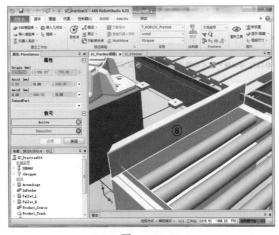

图　4-11

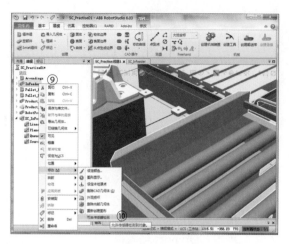

图 4-12

为了方便处理输送链，将 InFeeder 也放到 Smart 组件中。

11. 将 "InFeeder" 拖放到 Smart 组件 "SC_InFeeder" 中去。

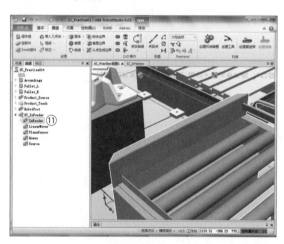

图 4-13

12. 单击 "添加组件"，选择 "信号和属性" 列表中的 "LogicGate"。

13. "Operator" 栏设为 "NOT"，设置完毕。

在 Smart 组件应用中只有信号发生 0→1 的变化时，才可以触发事件。假如有一个信号 $A$，我们希望当信号 $A$ 由 0 变 1 时触发事件 B1，信号 $A$ 由 1 变 0 时触发事件 B2。前者可以直接连接进行触发，但是后者就需要引入一个非门与信号 $A$ 相连接。这样当信号 $A$ 由 1 变 0 时，经过非门运算之后就转换成了由 0 变 1，然后

再与事件 B2 连接，实现的最终效果就是当信号 $A$ 由 1 变 0 时触发了事件 B2。

图 4-14

图 4-15

## 四、创建属性与连结

属性连结指的是各 Smart 子组件的某项属性之间的连结。例如，组件 $A$ 中的某项属性 $a1$ 与组件 $B$ 中的某项属性 $b1$ 建立属性连结，则当 $a1$ 发生变化时，$b1$ 也会随着一起变化。属性连结是在 Smart 窗口中的 "属性与连结" 选项卡中进行设定的。过程如图 4-16、图 4-17 所示，步骤如下：

1. 进入 "属性与连结" 选项卡。

2. 单击 "添加连结"。

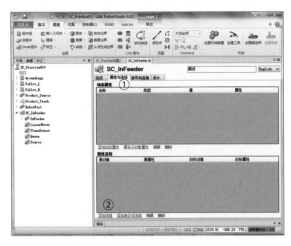

图　4-16

"属性与连结"里面的动态属性用于创建动态属性以及编辑现有动态属性，这里暂不涉及此类设定。

3. 按照图4-17所示内容进行设置，完成后单击"确定"。

图　4-17

Source 的 Copy 指的是源的复制品，Queue 的 Back 指的是下一个将要加入队列的物体。通过这样的连结，可实现本任务中的产品源产生一个复制品，执行加入队列动作后，该复制品会自动加入到队列 Queue 中；而 Queue 是一直执行线性运动的，则生成的复制品也会随着队列进行线性运动，而当执行退出队列操作时，复制品退出队列之后就停止线性运动了。

## 五、创建信号与连接

I/O 信号指的是在本工作站中自行创建的数字信号，用于与各个 Smart 子组件进行信号交互。

I/O 连接指的是设定创建的 I/O 信号与

Smart 子组件信号的连接关系，以及各 Smart 子组件之间的信号连接关系。

信号与连接是在 Smart 组件窗口中的"信号和连接"选项卡中进行设置的。过程如图4-18～图4-27所示，步骤如下：

首先来添加一个数字信号 diStart，用于启动 Smart 输送链。

1. 进入"信号和连接"选项卡。

2. 单击"添加 I/O Signals"。

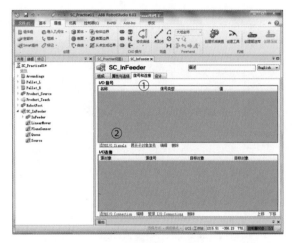

图　4-18

3. 按照图4-19所示内容设定，完成后单击"确定"。

图　4-19

接下来添加一个输出信号 doBoxInPos，用作产品到位输出信号。

4. 按照图4-20所示内容设定，完成后单击

"确定"。

图 4-20

然后建立 I/O 连接。

5. 单击"添加 I/O Connection"。

需要依次添加图 4-22 所示的几个 I/O 连接（I/O Connection）。

创建的 diStart 去触发 Source 组件执行动作，则产品源会自动产生一个复制品，设置如图 4-23 所示。

产品源产生的复制品完成信号触发 Queue 的加入队列动作，则产生的复制品自动加入队列 Queue，设置如图 4-24 所示。

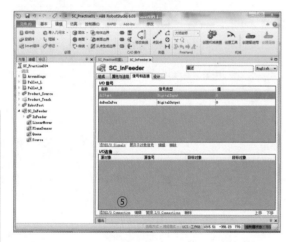

图 4-21

图 4-22

图 4-23

当复制品与输送链末端的传感器发生接触后，传感器将其本身的输出信号 SensorOut 置为 1，利用此信号触发 Queue 的退出队列动作，则队列里面的复制品自动退出队列，设置如图 4-25 所示。

图 4-24

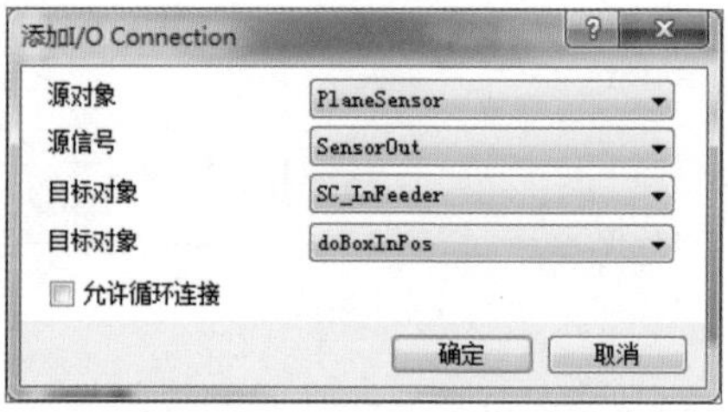

图 4-25

当产品运动到输送链末端与限位传感器发生接触时，将 doBoxInPos 置为 1，表示产品已到位，设置如图 4-26 所示。

将传感器的输出信号与非门进行连接，则非门的信号输出变化和传感器输出信号变化正好相反，设置如图 4-27 所示。

非门的输出信号去触发 Source 的执行，则实现的效果为当传感器的输出信号由 1 变为 0 时，触发产品源 Source 产生一个复制品。

按照图 4-22 ~ 图 4-27 所示的各 I/O 连接，仔细设定各个 I/O 连接中的源对象、源信号、目标对象、目标信号，完成后如图 4-28 所示。

图　4-26

图　4-27

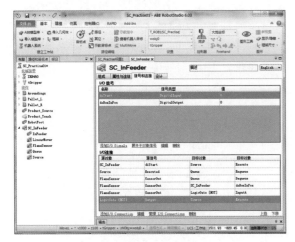

图　4-28

一共创建了六个 I/O 连接，下面再来梳理一下整个事件触发过程：

1）第 1 个 I/O 连接：利用自己创建的启动信号 diStart 触发一次 Source，使其产生一个复制品。

2）第 2 个 I/O 连接：复制品产生之后自动加入到设定好的队列 Queue 中，则复制品随着 Queue 一起沿着输送链运动。

3）第 3、4 个 I/O 连接：当复制品运动到输送链末端，与设置的面传感器 PlaneSensor 接触后，该复制品退出队列 Queue，并且将产品

到位信号 doBoxInPos 置为 1。

4）第 5、6 个 I/O 连接：通过非门的中间连接，最终实现当复制品与面传感器不接触后，自动触发 Source 再产生一个复制品。

5）此后进行下一个循环。

## 六、仿真运行

至此就完成了 Smart 输送链的设置，接下来验证一下设定的动画效果。过程如图 4-29 ～图 4-33 所示，步骤如下：

1. 在"仿真"功能选项卡中，单击"I/O 仿真器"。

2. 选择"SC_InFeeder"。

3. 单击"播放"进行播放。

4. 单击"diStart"（只可单击一次，否则会出错）。

5. 复制品运动到输送链末端，与限位传感器接触后停止运动。

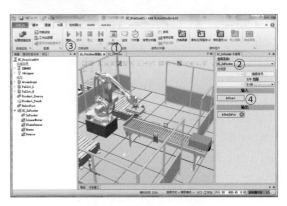

图　4-29

图　4-30

接下来，可以利用 Freehand 中的线性移动将复制品移开，使其与面传感器不接触，则输送链前端会再次产生一个复制品，进行下一个循环。

6. 在"基本"功能选项卡中，选中"Freehand"中的"线性移动"。

7. 移动已到位的复制品，使其与传感器不再接触。

8. 自动生成下一个复制品，并开始沿着输送链线性运动。

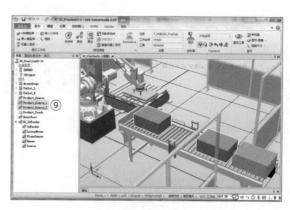

图 4-32

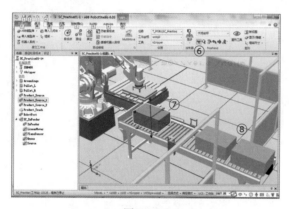

图 4-31

完成动画效果验证后，删除生成的复制品。

9. 右击产生的复制品，将其删除。一般复制品名称为"设定的源名称 + 数字"（如 Product_Source_1）。注意千万不要误删除源 Product_Source。

为了避免在后续的仿真过程中不停地产生大量的复制品，从而导致整体仿真运行不流畅，以及仿真结束后需要手动删除等问题，在设置 Source 属性时，可以设置成产生临时性复制品，当仿真停止后，所生成的复制品会自动消失。Source 属性设置更改如下：

10. 勾选"Transient"复选框，即完成了相应的修改；单击"应用"。

图 4-33

# 任务二　应用 Smart 组件创建动态夹具

【工作任务】

1. 应用 Smart 组件设定夹具属性。

2. 应用 Smart 组件设定检测传感器。

3. 应用 Smart 组件设定拾取放置动作。

4. 创建 Smart 组件的属性与连结。

5. 创建 Smart 组件的信号与连接。

6. Smart 组件的模拟动态运行。

扫码看视频

在 RobotStudio 中创建码垛的仿真工作站，夹具的动态效果是最为重要的部分。我们使用一个海绵式真空吸盘来进行产品的拾取释放，并基于此吸盘来创建一个具有 Smart 组件特性的夹具。夹具动态效果包含在输送链末端拾取产品、在放置位置释放产品、自动置位复位真空反馈信号。以下操作是在本项目任务一的基础上进行的。

## 一、设定夹具属性

设定夹具属性的过程如图 4-34 ~ 图 4-40 所示，步骤如下：

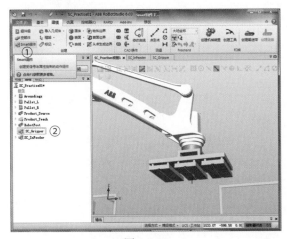

图 4-34

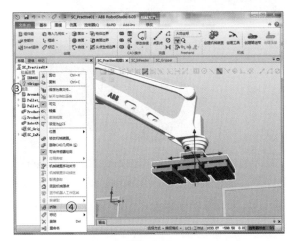

图 4-35

1. 在"建模"功能选项卡中，单击"Smart 组件"。

2. 右击该组件，将其命名为"SC_Gripper"。

首先需要将夹具 tGripper 从机器人末端拆卸下来，以便对独立后的 tGripper 进行处理。

3. 在"布局"窗口的"tGripper"上右击。

4. 单击"拆除"。

5. 单击"否"。

图 4-36

此处跳出"更新位置"提示框。从版本 5.15 之后，该提示框中均提示"是否要更新以下对象的位置 tGripper"，单击"是"，则自动更新位置；单击"否"，则保持当前位置。而在 5.15 之前的版本，该提示框均为"是否保持以下对象的位置 tGripper"，选择正好相反。

6. 在"布局"窗口中，用左键将"tGripper"拖放到"SC_Gripper"上面后松开，则将 tGripper 添加到 Smart 组件中。

7. 在 Smart 组件编辑窗口的"组成"选项卡中，右击"tGripper"，勾选"设定为 Role"复选框。

8. 用左键将"SC_Gripper"拖放到机器人"IRB460"上面后松开，将 Smart 工具安装到机器人末端。

9. 单击"否"。

10. 单击"是"，替换掉原来存在的工具数据。

上述操作步骤的目的是将 Smart 工具 SC_Gripper 当作机器人的工具。"设定为 Role"可以让 Smart 组件获得 Role 的属性。

在本任务中，工具 tGripper 包含一个工具坐标系，将其设为 Role，则 SC_Gripper 继承工具坐标系属性，就可以将 SC_Gripper 完全当作机器人的工具来处理。

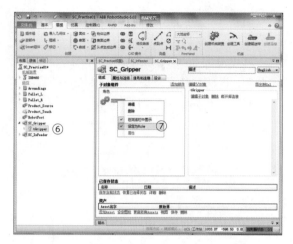

图 4-37

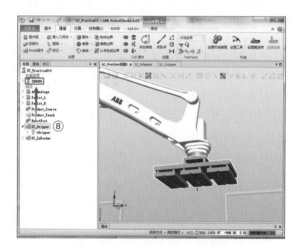

图 4-38

图 4-39

图 4-40

## 二、设定检测传感器

设定检测传感器的过程如图 4-41 ~ 图 4-46 所示，步骤如下：

1. 单击"添加组件"。

2. 选择"传感器"列表中的"LineSensor"。

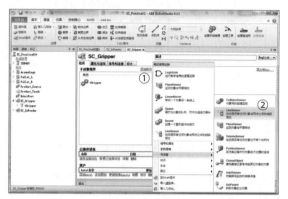

图 4-41

3. 在子组件"LineSensor"上右击，选择"属性"。

4. 设定线传感器，需要指定起点 Start 和终点 End，可参考本项目任务一中相应操作步骤，在位置框中单击。

5. 选取合适的捕捉模式，在 Start 点（箭头起点）处单击。

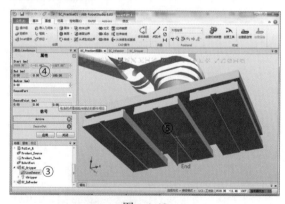

图 4-42

例如，我们捕捉到的起始点 Start 的坐标如图 4-43 所示。

在当前工具姿态下，终点 End 只是相对于起始点 Start 在大地坐标系 Z 轴负方向偏移一定距离，所以可以参考 Start 点直接输入 End 点的数值。此外，关于虚拟传感器的使用还有一项限制，即当物体与传感器接触时，如果接触部分完全覆盖了整个传感器，则传感器不能检测到与之接触的物体。换言之，若要传感器准确检测到物体，则必须保证在接触时传感器的一部分在物体内部，一部分在物体外部。所以为了避免在吸盘拾取产品时该线传感器完全浸入产品内部，人为地将起始点 Start 的 Z 值加大，保证在拾取时该线传感器一部分在产品内部，一部分在产品外部，这样才能够准确地检测到该产品。

图 4-43

6. 将 "Start" 的 Z 值加大到 1350。

7. 根据 Start 数值输入 End 数值，则传感器长度为 100mm。

8. "Radius" 用于设定线传感器半径，此处设为 3mm，将其加粗以便于观察。

9. "Active" 置为 0，暂时关闭传感器检测。

10. 设定完成后，单击 "应用"。

图 4-44

11. 生成的线传感器如图 4-45 所示。

设置传感器后，仍需将工具设为 "不可由传感器检测"，以免传感器与工具发生干涉。

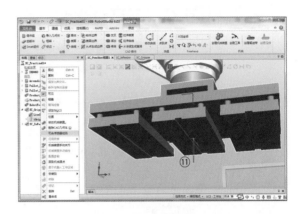

图 4-45

12. 在 "tGripper" 上右击。

13. 单击 "可由传感器检测"，取消勾选该复选框。

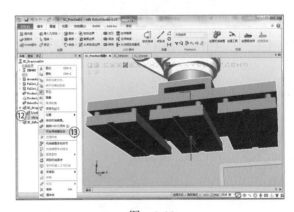

图 4-46

## 三、设定拾取放置动作

设定拾取放置动作的过程如图 4-47～图 4-53 所示，步骤如下：

首先来设定拾取动作效果，使用的是子组件 Attacher。

1. 单击 "添加组件"。

2. 选择 "动作" 列表中的 "Attacher"。Attacher 的属性设置如图 4-48 所示。

图 4-47

3. 设定安装的父对象，选为 Smart 工具的"SC_Gripper"。

4. 设定安装的子对象，由于子对象不是特定的一个物体，暂不设定。

接下来设定释放动作效果，使用的是子组件 Detacher。

5. 单击"添加组件"。

6. 选择"动作"列表中的"Detacher"。

图 4-48

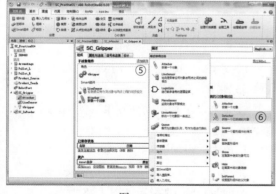

图 4-49

Detacher 的属性设置如图 4-50 所示。

7. 设定拆除的子对象，由于子对象不是特定的一个物体，暂不设定。

8. 确认"KeepPosition"复选框已勾选，即释放后，子对象保持当前的空间位置。

图 4-50

在上述设置过程中，拾取动作 Attacher 和释放动作 Detacher 中的子对象 Child 暂时都未作设定，是因为在本任务中我们处理的工件并不是同一个产品，而是产品源生成的各个复制品，所以无法在此处直接指定子对象。我们会在"属性与连结"里面来设定此项属性的关联。

下一步添加信号与属性相关子组件。

首先创建一个非门，详细说明可参考本项目任务一中的相关内容。

9. 单击"添加组件"，选择"信号和属性"列表中的"LogicGate"。

LogicGate 的属性设置如图 4-52 所示。

10. "Operator"栏设为"NOT"。

接下来添加一个信号置位、复位子组件 LogicSRLatch。

子组件 LogicSRLatch 用于置位、复位信号，并且自带锁定功能。此处用于置位、复位的真空反馈信号，在后面的信号与连接部分再来详细介绍它的用法。

11. 单击"添加组件"，选择"信号和属性"列表中的"LogicSRLatch"。

图 4-51

图 4-52

图 4-53

## 四、创建属性与连结

创建属性与连结的过程如图 4-54 ~ 图 4-56 所示，步骤如下：

1. 在"属性与连结"选项卡中单击"添加连结"（见图 4-54）。

2. 添加两个属性连结。

LineSensor 的属性 SensedPart 指的是线传感器所检测到的与其发生接触的物体。图 4-55

所示连结的意思是将线传感器所检测到的物体作为拾取的子对象。

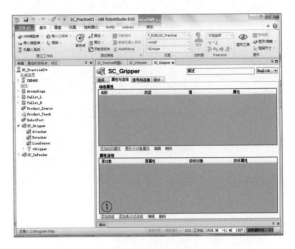

图 4-54

图 4-55

图 4-56 所示连结的意思是将拾取的子对象作为释放的子对象。

图 4-56

设置完成后如图 4-57 所示。

下面来梳理一下：当机器人的工具运动到产品的拾取位置，工具上面的线传感器 LineSensor 检测到了产品 A，则产品 A 即作为所要拾取的对象；将产品 A 拾取之后，机器人工具运动到放置位置执行工具释放动作，则产品 A 作为释放的对象，即被工具放下了。

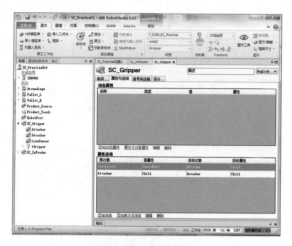

图 4-57

## 五、创建信号与连接

创建信号与连接的过程如图 4-58 ~ 图 4-68 所示，步骤如下：

1. 在"信号和连接"选项卡中单击"添加 I/O Signals"。

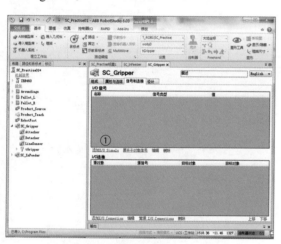

图 4-58

创建一个数字输入信号 diGripper，用于控制夹具拾取、释放动作。置 1 为打开真空拾取，置 0 为关闭真空释放，属性如图 4-59 所示。

创建一个数字输出信号 doVacuumOK，用于真空反馈信号。置 1 为真空已建立，置 0 为真空已消失，属性如图 4-60 所示。

接下来建立信号连接。

2. 在"信号和连接"选项卡中单击"添加

I/O Connection"。

图 4-59

图 4-60

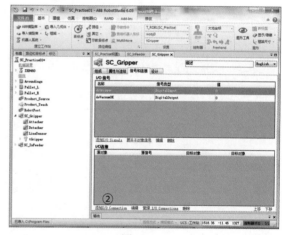

图 4-61

依次添加图 4-62 ~ 图 4-68 所示的几个 I/O 连接。

开启真空的动作符号 diGripper 触发传感器开始执行检测。

传感器检测到物体之后触发拾取动作执行。

图 4-64、图 4-65 所示的两个信号连接，利用非门的中间连接，实现的是当关闭真空后触发释放动作执行。

图 4-62

| 添加I/O Connection | |
|---|---|
| 源对象 | SC_Gripper |
| 源信号 | diGripper |
| 目标对象 | LineSensor |
| 目标对象 | Active |
| □ 允许循环连接 | |

图 4-66

| 添加I/O Connection | |
|---|---|
| 源对象 | Attacher |
| 源信号 | Executed |
| 目标对象 | LogicSRLatch |
| 目标对象 | Set |
| □ 允许循环连接 | |

图 4-63

| 添加I/O Connection | |
|---|---|
| 源对象 | LineSensor |
| 源信号 | SensorOut |
| 目标对象 | Attacher |
| 目标对象 | Execute |
| □ 允许循环连接 | |

图 4-67

| 添加I/O Connection | |
|---|---|
| 源对象 | Detacher |
| 源信号 | Executed |
| 目标对象 | LogicSRLatch |
| 目标对象 | Reset |
| □ 允许循环连接 | |

图 4-64

| 添加I/O Connection | |
|---|---|
| 源对象 | SC_Gripper |
| 源信号 | diGripper |
| 目标对象 | LogicGate [NOT] |
| 目标对象 | InputA |
| □ 允许循环连接 | |

图 4-68

| 添加I/O Connection | |
|---|---|
| 源对象 | LogicSRLatch |
| 源信号 | Output |
| 目标对象 | SC_Gripper |
| 目标对象 | doVacuumOK |
| □ 允许循环连接 | |

图 4-65

| 添加I/O Connection | |
|---|---|
| 源对象 | LogicGate [NOT] |
| 源信号 | Output |
| 目标对象 | Detacher |
| 目标对象 | Execute |
| □ 允许循环连接 | |

　　拾取动作完成后触发置位/复位组件执行"置位"动作。

　　释放动作完成后触发置位/复位组件执行"复位"动作。

　　置位/复位组件的动作触发真空反馈信号置位/复位动作,实现的最终效果为当拾取动作完成后将 doVacuumOK 置为 1,当释放动作完成后将 doVacuumOK 置为 0。

　　设置完成后如图 4-69 所示。

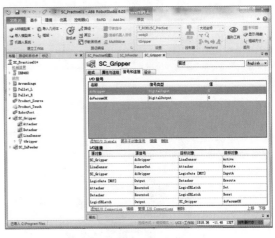

图 4-69

　　下面梳理一下整个动作过程:机器人夹具运动到拾取位置,打开真空以后,线传感器开始检测。如果检测到产品 A 与其发生接触,则执行拾取动作,夹具将产品 A 拾取,并将真空反馈信号置1。然后机器人夹具运动到放置位置，关闭真空以后，执行释放动作，产品A被夹具放下，同时将真空反馈信号置为0。之后机器人夹具再次运动到拾取位置去拾取下一个产品，进入下一个循环。

## 六、Smart 组件的动态模拟运行

在输送链末端已预置了一个专门用于演示的产品"Product_Teach"。Smart 组件的动态模拟运行过程如图4-70~图4-75所示，步骤如下：

1. 在"布局"窗口中，在"Product_Teach"上右击。

2. 勾选"可见"复选框。

3. 选择"修改"，勾选"可由传感器检测"复选框。

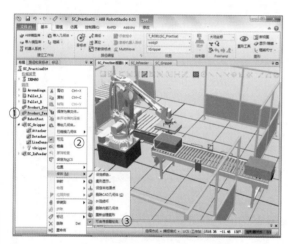

图　4-70

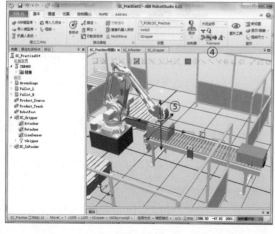

图　4-71

4. 在"基本"功能选项卡中，选取"手动线性"。

5. 单击末端法兰盘，出现坐标框架后，用鼠标左键拖动坐标轴进行线性拖动，将夹具移到产品拾取位置。

6. 单击"仿真"功能选项卡中的"I/O 仿真器"。

7. "选择系统"设为"SC_Gripper"。

8. 将"diGripper"置为1。

9. 再次拖动坐标框架进行线性移动。

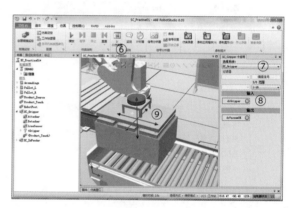

图　4-72

我们发现，夹具已将产品拾取，同时真空反馈信号 doVacuumOK 自动置为1。

接下来再执行一下释放动作。

10. 将"diGripper"置为0。

11. 再次拖动坐标框架进行线性移动。

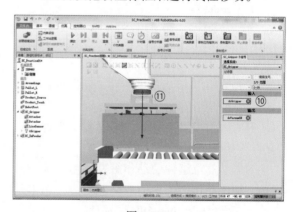

图　4-73

12. 夹具释放了搬运对象。

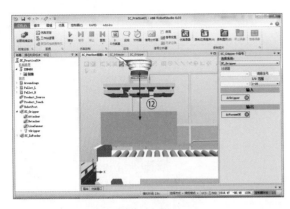

图 4-74

我们发现，夹具已将产品释放，同时真空反馈信号 doVacuumOK 自动置为 0。验证完成后，将演示用的产品取消"可见"，并且取消"可由传感器检测"。

13. 在"布局"窗口中，在"Product_Teach"上右击。

14. 单击"可见"，取消勾选。

15. 选择"修改"单击"可由传感器检测"，取消勾选。

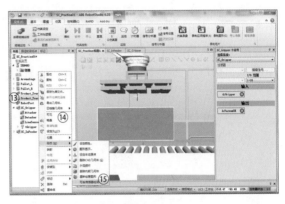

图 4-75

# 任务三 设定 Smart 组件工作站逻辑

**【工作任务】**

1. 机器人程序模板及信号说明。

2. 设定工作站逻辑。

3. 仿真运行。

在本工作站中，机器人的程序以及 I/O 信号已提前设定完成，无须再做编辑。通过前面的任务，我们已基本设定完成 Smart 组件的动态效果，接下来需要设定 Smart 组件与机器人端的信号通信，从而完成整个工作站的仿真动画。工作站逻辑设定，即将 Smart 组件的输入 / 输出信号与机器人端的输入 / 输出信号作信号关联。Smart 组件的输出信号作为机器人端的输入信号，机器人端的输出信号作为 Smart 组件的输入信号，此处可以将 Smart 组件当作一个与机器人进行 I/O 通信的 PLC 来看待。

## 一、查看机器人程序及 I/O 信号

查看机器人程序及 I/O 信号的过程如图 4-76 ～图 4-79 所示，步骤如下：

扫码看视频

1. 在"控制器"功能选项卡中，单击"配置编辑器"，选择"I/O"。

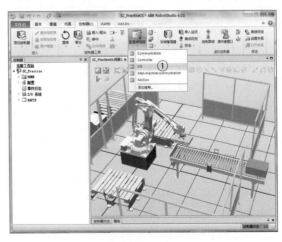

图 4-76

2. 双击 "Signal"。

3. 已定义的三个 I/O 信号如图 4-77 所示，其说明见表 4-1。

本任务中程序的大致流程为：机器人在输送链末端等待，产品到位后将其拾取，放置在右侧托盘上面，垛型为常见的 "3+2"，即竖着放 2 个产品，横着放 3 个产品，第二层位置交错。本任务中机器人只进行右侧码垛，共计码垛 10 个即满载，机器人回到等待位继续等待，仿真结束。

图 4-78

图 4-77

表 4-1 三个 I/O 信号的说明

| 信号名称 | 说 明 |
|---|---|
| diBoxInPos | 数字输入信号，用作产品到位信号 |
| diVacuumOK | 数字输入信号，用作真空反馈信号 |
| doGripper | 数字输出信号，用作控制真空吸盘动作 |

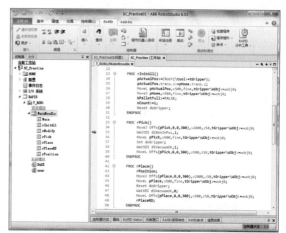

图 4-79

4. 单击 "RAPID" 功能选项卡。

5. 在 "控制器" 窗口依次展开 "RAPID" / "T_ROB1"，双击 "MainMoudle"。

6. 程序模板内容如图 4-79 所示。

## 二、设定工作站逻辑

设定工作站逻辑的过程如图 4-80、图 4-81 所示，步骤如下：

1. 在 "仿真" 功能选项卡中，单击 "工作站逻辑"。

2. 进入 "信号和连接" 选项卡。

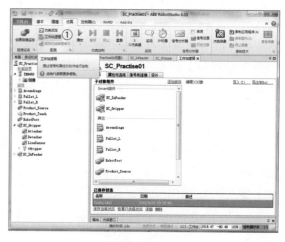

图 4-80

3. 单击 "添加 I/O Connection"。

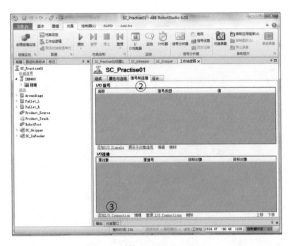

图 4-81

在本任务中，创建 I/O 连接的过程中需要注意：在选择机器人端 I/O 信号时，在下拉列表中选取位于底部的 SC_Practise，其指的是机器人系统；而默认的位于下拉列表首位的 SC_Practise01 指的是我们的工作站，如图 4-82 所示。

图 4-82

依次添加图 4-83 ~ 图 4-85 所示的几个 I/O 连接。

机器人端的控制真空吸盘动作的信号与 Smart 夹具的动作信号相关联。

图 4-83

Smart 输送链的产品到位信号与机器人端

的产品到位信号相关联。

图 4-84

图 4-85

Smart 夹具的真空反馈信号与机器人端的真空反馈信号相关联。设定完成后如图 4-86 所示。

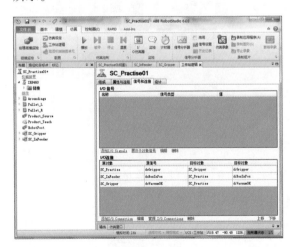

图 4-86

## 三、仿真运行

仿真运行过程如图 4-87 ~ 图 4-92 所示，步骤如下：

1. 单击"仿真"功能选项卡中的"I/O 仿真器"。

2. "选择系统"设为"SC_InFeeder"。

3. 单击"播放"。

4. 单击"diStart"。

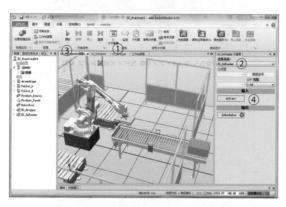

图 4-87

5. 输送链前端产生复制品，并沿着输送链运动。

图 4-88

6. 复制品到达输送链末端后，机器人接收到产品到位信号，则机器人将其拾取起来并放置到托盘的指定位置。

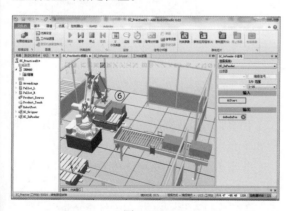

图 4-89

7. 依次循环，直至码垛 10 个产品后，机器人回到等待位置。

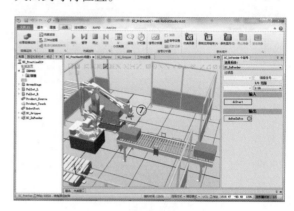

图 4-90

8. 单击"停止"，则所有产品的复制品自动消失，仿真结束。

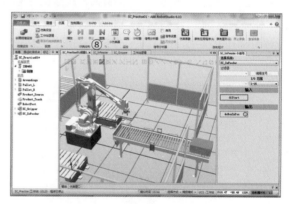

图 4-91

由于在本项目任务一中更改了组件的 Source 属性，勾选了"Transient"复选框，所以当仿真结束后，仿真过程中所生成的复制品全部自动消失，避免了手动删除的操作。

仿真验证完成后，为了美观，将输送链前端的产品源隐藏。

9. 在"Product_Source"上右击，单击"可见"，取消勾选。

可以利用"共享"中的"打包"功能，将制作完成的码垛仿真工作站进行打包并与他人分享，如图 4-93 所示。

至此，已经完成了码垛仿真工作站的动画效果。

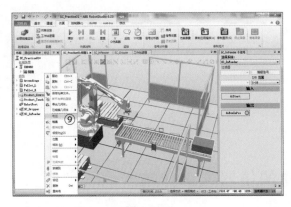

图 4-92

图 4-93

## 【学习检测】

自我学习检测评分表见表 4-2。

表 4-2 自我学习检测评分表

| 项 目 | 技术要求 | 分值/分 | 评分细则 | 评分记录 | 备 注 |
|---|---|---|---|---|---|
| 用 Smart 组件创建动态输送链 | 1. 设定输送链产品源<br>2. 设定输送链运动属性<br>3. 设定输送链限位传感器<br>4. 创建 Smart 组件的属性与连结<br>5. 创建 Smart 组件的信号与连接<br>6. Smart 组件的模拟动态运行 | 20 | 1. 理解流程<br>2. 操作流程 | | |
| 用 Smart 组件创建动态夹具 | 1. 设定夹具属性<br>2. 设定检测传感器<br>3. 设定拾取放置动作<br>4. 创建 Smart 组件的属性与连结<br>5. 创建 Smart 组件的信号与连接<br>6. Smart 组件的模拟动态运行 | 20 | 1. 理解流程<br>2. 操作流程 | | |
| 工作站逻辑设定 | 掌握工作站逻辑的设定 | 20 | 1. 理解流程<br>2. 操作流程 | | |
| Smart 组件的子组件 | 了解各子组件的功能 | 20 | 理解与掌握 | | |
| 安全操作 | 符合上机实训操作要求 | 20 | | | |

# 项目五　机器人附加轴的应用

## 任务一　创建带导轨的机器人工作站

**【工作任务】**

1. 创建带导轨的机器人系统。
2. 创建运动轨迹并运行仿真。

扫码看视频

在工业应用过程中，为机器人系统配备导轨，可大大增加机器人的工作范围，在处理多工位以及较大工件时有着广泛的应用。在本任务中，将练习如何在 RobotStudio 软件中创建带导轨的机器人系统，创建简单的轨迹并运行仿真。

### 一、创建带导轨的机器人系统

创建带导轨的机器人系统的过程如图 5-1 ~ 图 5-12 所示，步骤如下：

创建一个空的工作站，并导入机器人模型以及导轨模型。

1. 在"基本"功能选项卡中，单击"ABB 模型库"，选择"IRB 4600"。

2. 选择默认规格"IRB 4600-20/2.50"，单击"确定"。

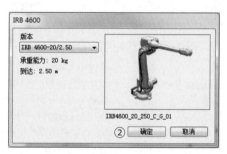

图　5-2

接下来添加导轨模型。

3. 再次单击"ABB 模型库"，在"导轨"中选择"IRBT 4004"。

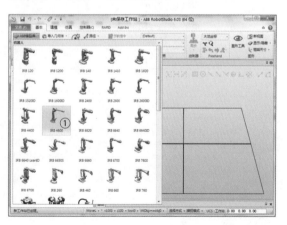

图　5-1

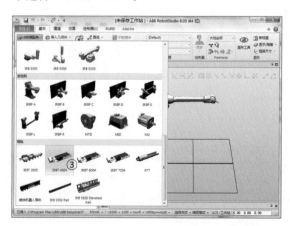

图　5-3

4. "轨迹长度"选择"6"，其余选项采用默认设置，然后单击"确定"。

图5-4所示的参数说明如下：

图　5-4

轨迹长度：指导轨的可运行长度。

基座高度：指导轨上面再加装机器人底座的高度。

机器人角度：选择加装机器人底座的方向，有0°和90°可选。

此处不加装底座，后两项参数默认为0。

然后，在"基本"功能选项卡的"布局"窗口将机器人安装到导轨上面。

5. 用左键将机器人IRB 4600拖放到导轨IRBT 4004上面。

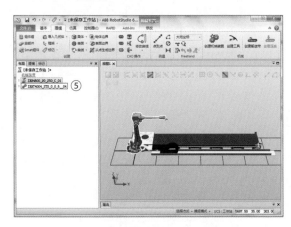

图　5-5

6. 单击"是"。

单击"是"，则机器人位置更新到导轨基座上面。

7. 单击"是"。

单击"是"，则机器人与导轨进行同步运

动，即机器人基坐标系随着导轨同步运动。

图　5-6

图　5-7

导轨基座上面的安装孔位可灵活选择，从而满足不同的安装需求。

安装完成后，接下来创建机器人系统。

8. 单击"机器人系统"，选择"从布局"。

在创建带外轴的机器人系统时，建议使用"从布局"创建系统。这样在创建过程中，它会自动添加相应的控制选项以及驱动选项，无须自己配置。

9. 将"名称"设为"TrackPractice"，单击"下一个"。

10. 确认两个复选框都勾选后，单击"下一个"。

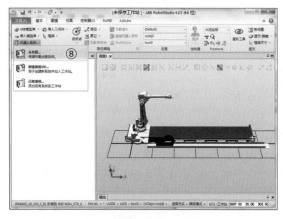

图　5-8

图　5-9

图　5-10

图　5-11

图　5-12

11. 选择默认选项即可，单击"下一个"。

12. 若需添加其他选项，可单击"选项"进行设定，如语言、通信总线等。

13. 设定完成后，单击"完成"。

## 二、创建运动轨迹并运行仿真

导轨作为机器人的外轴，在示教目标点时，既保存了机器人本体的位置数据，又保存了导轨的位置数据。下面就在此系统中创建简单的几个目标点并生成运动轨迹，使机器人与导轨同步运动。过程如图 5-13 ～ 图 5-21 所示，步骤如下：

将机器人原位置作为运动的起始位置，通过示教目标点将此位置记录下来。

1. 在"基本"功能选项卡中，单击"示教目标点"。

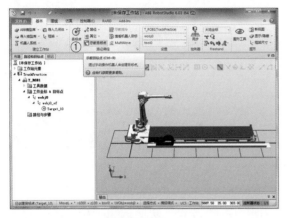

图 5-13

利用手动拖动将机器人以及导轨运动到另外一个位置，并记录该目标点。

2. 选中"Freehand"中的"手动关节"。

3. 拖动导轨基座，正向移动至另外一点。

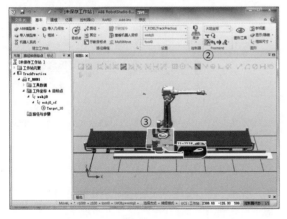

图 5-14

4. 选中"Freehand"中的"手动线性"。

5. 拖动机器人末端，移动至另外一点。

6. 单击"示教目标点"，将此位置作为第二个目标点。

然后利用这两个目标点生成运动轨迹。

7. 将运动类型设置为"MoveJ"，并根据实际情况设定相关参数。

8. 在"路径和目标点"窗口中，找到这两个目标点，全部选中后右击，选择"添加新路径"。

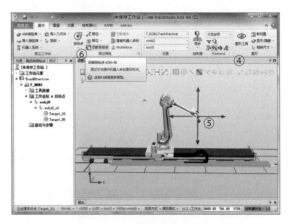

图 5-15

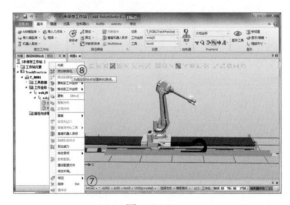

图 5-16

接着为生成的路径 Path_10 自动配置轴配置参数。

9. 在"Path_10"上面右击，在"配置参数"中选择"自动配置"。

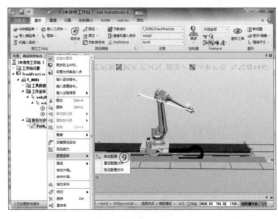

图 5-17

将此条轨迹同步到虚拟控制器。

10.在"Path_10"上右击，选择"同步到RAPID"。

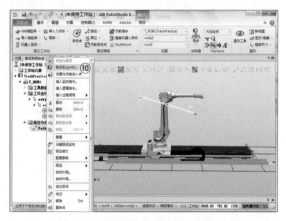

图 5-18

11.勾选所有内容，然后单击"确定"。

图 5-19

在"仿真"功能选项卡中单击"仿真设定"，进行仿真设置。

12.选择"Path_10"。

13.选择机器人"T_ROB1"，在"进入点"

列表中选择"Path_10"，然后单击"关闭"。

图 5-20

接下来运行仿真。

14.在"仿真"功能选项卡中，单击"播放"。

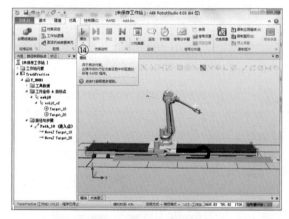

图 5-21

可以观察到，机器人与导轨实现了同步运动。接着就可以进行带导轨的机器人工作站的设计与构建了。

# 任务二 创建带变位机的机器人工作站

【工作任务】

1. 创建带变位机的机器人系统。

2. 创建运动轨迹并运行仿真。

扫码看视频

在机器人应用中，变位机可改变加工工件的姿态，从而增大机器人的工作范围，在焊接、切割等领域有着广泛的应用。本任务以带变位机的机器人系统对工件表面加工处理为例进行讲解。

## 一、创建带变位机的机器人系统

创建带变位机的机器人系统的过程如图 5-22 ~ 图 5-38 所示，步骤如下：

1. 在"基本"功能选项卡中，单击"ABB模型库"，选择"IRB 2600"。

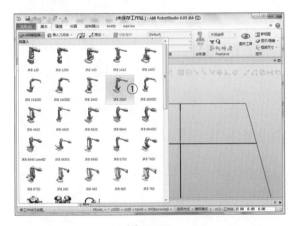

图 5-22

2. 选择默认规格，单击"确定"。

图 5-23

3. 单击"ABB 模型库"，选择"变位机"类别中的"IRBP A"。

4. 选择默认规格，单击"确定"。

添加变位机之后，在"布局"窗口中，右击变位机"IRBP_A250"，然后单击"设定位置"。

5. 位置 $X$ 设为 1000，位置 $Z$ 设为 -400，其余采用默认数值，然后单击"应用"。

接下来为机器人添加一个工具。

6. 在"基本"功能选项卡中，单击"导入模型库"，在"设备"中的"工具"类型里面选择"Binzel water 22"。

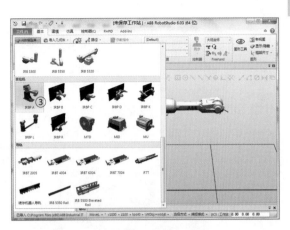

图 5-24

图 5-25

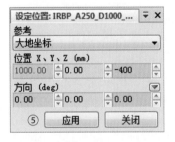

图 5-26

图 5-27

项目五　机器人附加轴的应用

然后将工具安装到机器人法兰盘上。

7. 用鼠标左键将"Binzel_water_22"拖放到机器人"IRB2600_12_165__01"上。

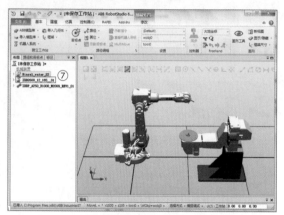

图 5-28

8. 单击"是",更新工具位置。

图 5-29

9. 单击"导入模型库",选择"浏览库文件",加载待加工工件。

10. 浏览至库文件"Fixture_EA",单击"打开"。此模型可以从 www.robotpartner.cn 中下载。

11. 在"布局"窗口中,用左键将"Fixture_EA"拖放到变位机上。

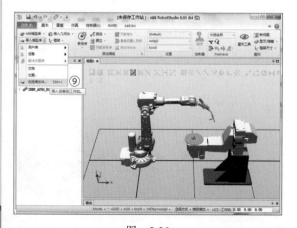

图 5-30

图 5-31

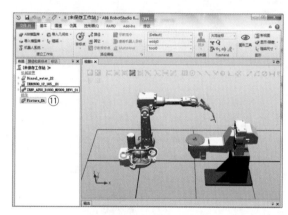

图 5-32

12. 单击"是",将工件安装到变位机法兰盘处。

图 5-33

13. 单击"机器人系统",选择"从布局"。

14. "名称"设为"PositionerPractice",单击"下一个"。

15. 单击"下一个"。

16. 采用默认选项,单击"下一个"。

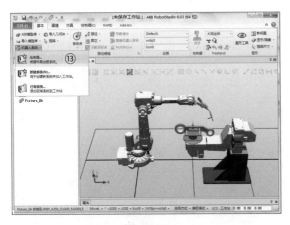

图 5-34

图 5-37

17. 若需勾选其他选项，则单击"选项"进行设定。

18. 单击"完成"，完成系统创建。

图 5-35

图 5-38

## 二、创建运动轨迹并运行仿真

在本任务中，仍使用示教目标点的方法，对工件的大圆孔部位（图 5-39）进行轨迹处理。创建运动轨迹并运行仿真的过程如图 5-39 ~ 图 5-57 所示，步骤如下：

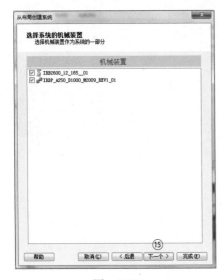

图 5-36

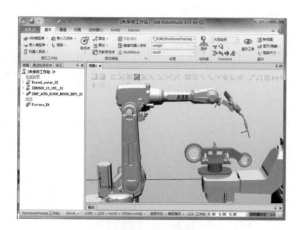

图 5-39

在带变位机的机器人系统中示教目标点时，需要保证变位机是激活状态，才可同时将变位机的数据记录下来。

1. 在"仿真"功能选项卡中，单击"激活机械装置单元"，勾选"STN1"复选框。

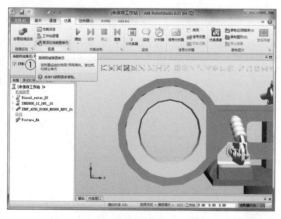

图 5-40

这样，在示教目标点时才可记录变位机关节数据。

下面先来示教一个安全位置。

2. 在"基本"功能选项卡中，将"工具"

设置为"tWeldGun"。

3. 利用"Freehand"中的"手动线性"以及"手动重定位"，将机器人运动到图 5-41 所示的位置，避开变位机旋转工作范围以防干涉，并将工具末端调整成大致垂直于水平面的姿态。

4. 单击"示教目标点"，记录该位置。

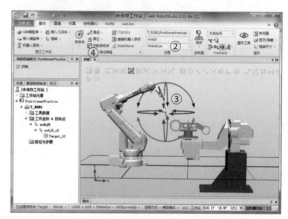

图 5-41

先将变位机姿态调整到位，将变位机关节 1 旋转 90°。

5. 在"布局"窗口中，右击变位机，选择"机械装置手动关节"。

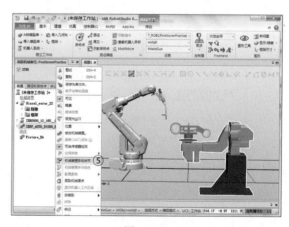

图 5-42

6. 单击第一个关节条，输入 90，按下回车键，则变位机关节 1 运动至正 90° 位置。

7. 单击"示教目标点"，将此位置记录下来。

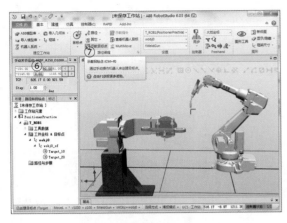

图 5-43

8. 选取捕捉点工具。

9. 利用"Freehand"中的"手动线性"移动机器人。

10. 机器人到达目标点后,单击"示教目标点"。

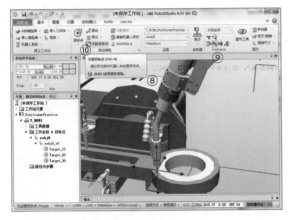

图 5-44

然后利用"Freehand"中的"手动线性",并配合捕捉点的工具,依次示教工件表面的 5 个目标点。

5 个目标点的位置以及顺序如图 5-45 所示。

至此一共示教了 7 个目标点,机器人运动顺序为:Target_10 → Target_20 → Target_30 → Target_40 → Target_50 → Target_60 → Target_70 → Target_30 → Target_20 → Target_10。按照此顺序来生成机器人运动轨迹,黄色轨迹为加工轨迹,红色轨迹为接近离开轨迹。

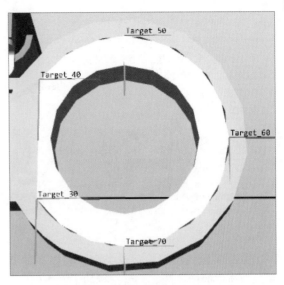

图 5-45

示教完成后,先将机器人跳转回目标点 Target_10,然后创建运动轨迹。

11. 修改运动指令,类型为 MoveL,速度为 v300,转弯半径为 z5。

12. 选中所有点位后右击,选择"添加新路径"。

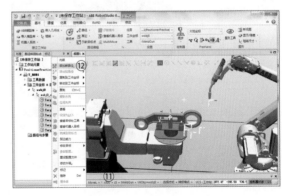

图 5-46

接着完善路径,在 MoveL p70 之后,依次添加 MoveL 30、MoveL 20、MoveL 10。

13. 用鼠标左键将"Target_30"拖放到"MoveL Target_70"上,则可在此条路径末端添加一条 MoveL Target_30 的指令。重复操作,将 Target_20、Target_10 依次添加至路径末端。

图 5-47

和 MoveC Target_70 Target_30 两条运动指令的转弯半径设为 fine。

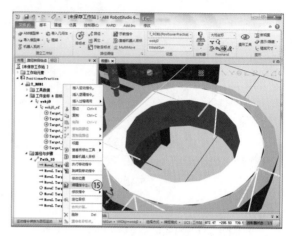

图 5-49

根据实际情况转换运动类型,例如,对于运动轨迹中的两段圆弧,可进行如下操作。

14. 选中"MoveL Target_50""MoveL Target_60",单击右键,选择"转换为 MoveC"。

16. 在"Path_10"上右击,然后单击"插入逻辑指令"。

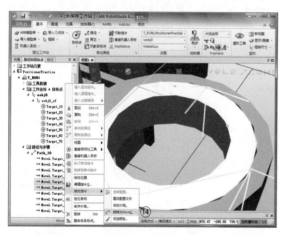

图 5-48

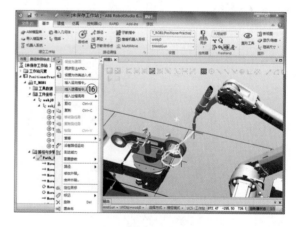

图 5-50

重复上述步骤,将之后的 MoveL Target_70、MoveL Target_30 也转换成 MoveC。

然后将运动轨迹前后的接近和离开运动修改为 MoveJ 运动类型。

继续将第二条运动指令 MoveL Target_20、最后一条运动指令 MoveL Target_10 也修改为 MoveJ 类型。

15. 在"MoveL Target_10"上右击,选择"编辑指令",将运动类型设为 MoveJ。

将工件表面轨迹的起点处运动和终点处运动的转弯半径设为 fine,即把 MoveL Target_30

此处还需添加外轴控制指令 ActUnit 和 DeactUnit,控制变位机的激活与失效。

17. "指令模板"选择"ActUnit Default"。

18. "指令参数"处默认选择"STN1"。

则在 Path_10 的第一行加入 ActUnit STN1 的控制指令。

之后仿照上述步骤,在 Path_10 的最后一行右击,然后单击"插入逻辑指令",加入 DeactUnit STN1 指令。

设置完成后的最终轨迹如图 5-52 所示。

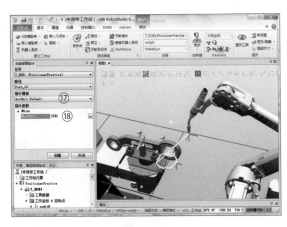

图　5-51

图　5-52

接下来为路径 Path_10 自动配置轴配置参数。

19. 在 "Path_10" 上右击，然后单击 "配置参数" 中的 "自动配置"。

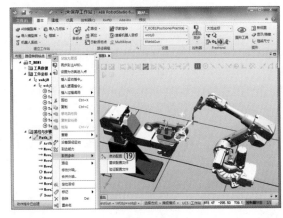

图　5-53

20. 在 "Path_10" 上右击，选择 "同步到 RAPID"。

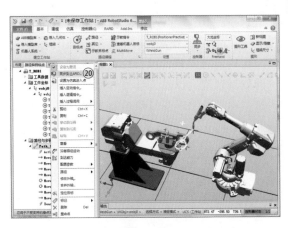

图　5-54

21. 勾选所有内容，然后单击 "确定"。

图　5-55

22. 在 "仿真" 功能选项卡中，选择 "仿真设定"。

23. 在 "T_ROB1 的设置" 列表里，选择 "Path_10"。

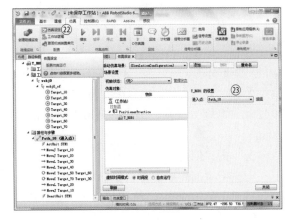

图　5-56

24. 在"仿真"功能选项卡中，单击"播放"，执行仿真，观察机器人与变位机的运动。

最后若有兴趣，可自行完成工件小圆孔部位的处理轨迹，以及工件另一侧两个圆的处理轨迹，从而熟悉带变位机机器人系统的离线编程方法。

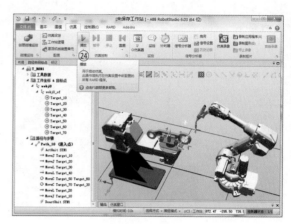

图　5-57

# 任务三　创建带输送链跟踪的机器人工作站

## 【工作任务】

1. 创建输送链。

2. 创建带输送链跟踪的机器人系统。

3. 创建输送链跟踪运动轨迹并运行仿真。

扫码看视频

在工业应用过程中，为机器人系统配备输送链跟踪系统，可大大提高机器人的工作效率，在分拣、喷涂和涂胶等领域有着广泛的应用。在本任务中，将练习如何在 RobotStudio 软件中创建带输送链跟踪的机器人系统，同时创建简单的轨迹并运行仿真。

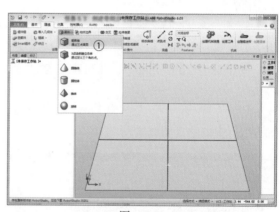

图　5-58

## 一、创建输送链

创建输送链的过程如图 5-58 ～ 图 5-74 所示，步骤如下：

1. 在"建模"功能选项卡下，单击"固体"中的"矩形体"。

2. 在"创建方体"窗口中，将"长度""宽度"和"高度"分别设为 5000mm、500mm 和 80mm。

3. 单击"创建"。

4. 选中"部件 1"，单击鼠标右键。

5. 单击"重命名"，将"部件 1"重命名为"输送链"。

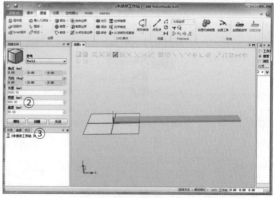

图　5-59

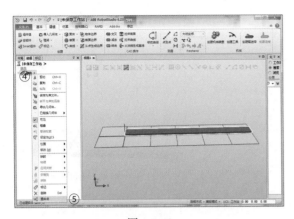

图　5-60

6. 选中"输送链"，单击鼠标右键。

7. 选择"修改"。

8. 单击"设定颜色"。

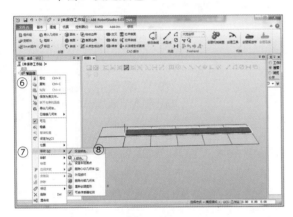

图　5-61

9. 在"颜色"对话框中选中需要的颜色。

10. 单击"确定"。

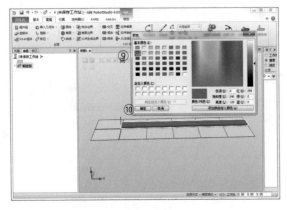

图　5-62

11. 在"建模"功能选项卡中，单击"导入

几何体"下的"浏览几何体"；导入教材资源包中"工作站"—"项目五"文件夹下的"轨迹训练板1"。

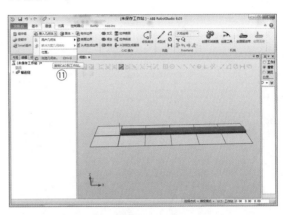

图　5-63

12. 选中"轨迹训练板1"，单击鼠标右键。

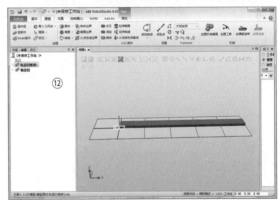

图　5-64

13. 选择"位置"。

14. 选择"放置"。

15. 单击"一个点"。

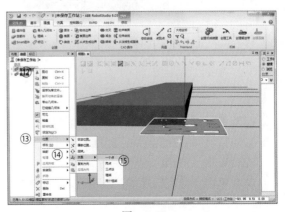

图　5-65

16. 参考"大地坐标"，选择合适的捕捉方式。

17. 在"主点 - 从"和"主点 - 到"两个位置上分别捕捉"轨迹训练板 1"中心和"输送链"中心。

18. 单击"应用"，完成放置后单击"关闭"。

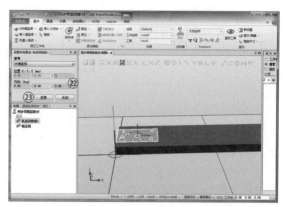

图 5-68

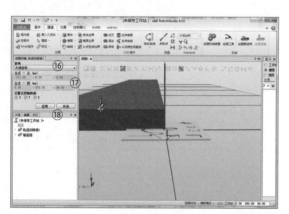

图 5-66

19. 选中"轨迹训练板 1"，单击鼠标右键。

20. 选择"修改"。

21. 单击"设定本地原点"。

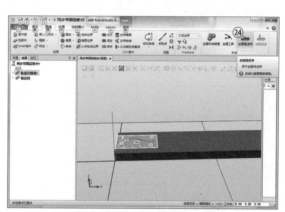

图 5-69

25. 在"传送带几何结构"栏中选择"输送链"。

26. 在"传送带长度"栏中输入 4800。

27. 单击"创建"，创建完成后单击"关闭"。

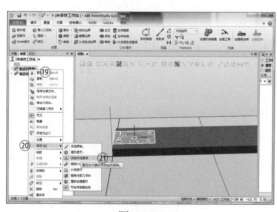

图 5-67

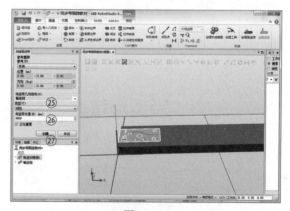

图 5-70

22. 参考"大地坐标"，将"位置 X、Y、Z"和"方向"栏的数据全部更改为 0。

23. 单击"应用"。

24. 单击"建模"功能选项卡下的"创建输送带"。

28. 选中"输送链"，单击鼠标右键。

29. 单击"添加对象"。

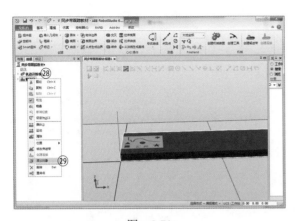

图 5-71

30. 在"部件"栏中选择"轨迹训练板1"。

31. 在"节距"栏中输入1000，令相邻两部件之间的距离为1000mm。

32. 单击"创建"，完成后单击"关闭"。

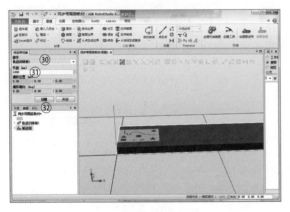

图 5-72

33. 单击"仿真"功能选项卡下的"播放"，观察工作站的运行效果。

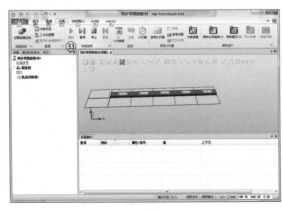

图 5-73

34. 单击"仿真"功能选项卡下的"停止"。

35. 选中"输送链"，单击鼠标右键。

36. 单击"清除"，将输送链上的"部件"清除。

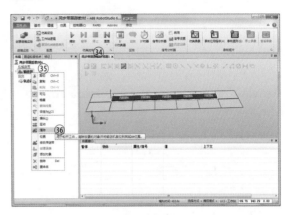

图 5-74

## 二、创建带输送链跟踪的机器人系统

创建带输送链跟踪的机器人系统的过程如图5-75～图5-93所示，步骤如下：

1. 在"基本"功能选项卡中，单击"ABB模型库"，选择"IRB 2600"。

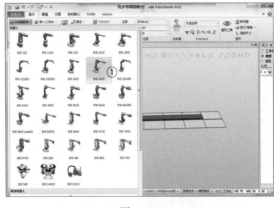

图 5-75

2. 选择默认规格，单击"确定"。

3. 选中"IRB2600_12_165__01"，单击鼠标右键。

4. 选择"位置"。

5. 单击"旋转"。

6. 选择绕"Z"轴旋转。

图 5-76

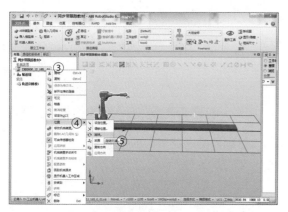

图 5-77

7. 在"旋转"栏中输入 90。

8. 单击"应用",确认旋转完成后单击"关闭"。

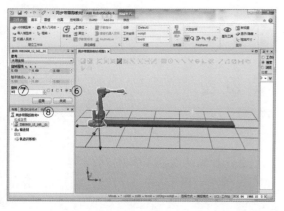

图 5-78

9. 采用手动拖动的方式将机器人拖动至图 5-79 所示位置。

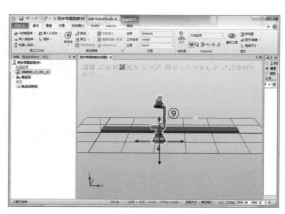

图 5-79

接下来为机器人添加一个工具。

10. 在"基本"功能选项卡中,单击"导入模型库",在"设备"中的"工具"类型里面选择"Binzel air 22"。

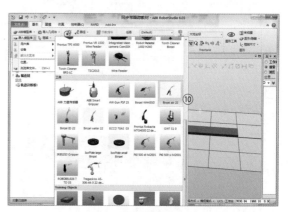

图 5-80

然后将工具安装到机器人法兰盘上。

11. 用鼠标左键将"Binzel_air_22"拖放到机器人"IRB2600_12_165__01"上。

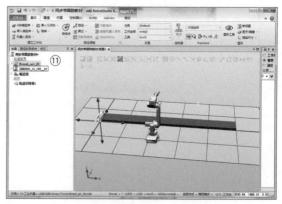

图 5-81

12. 单击"是"，更新工具位置。

图　5-82

13. 安装成功后如图 5-83 所示。

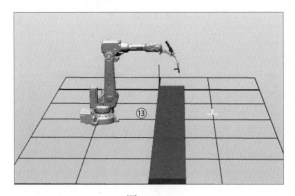

图　5-83

14. 单击"机器人系统"，选择"从布局"。

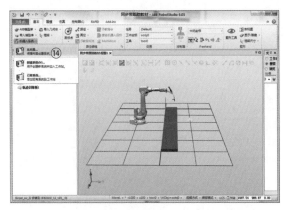

图　5-84

15. 单击"下一个"。

图　5-85

16. 单击"下一个"。
17. 单击"选项"。

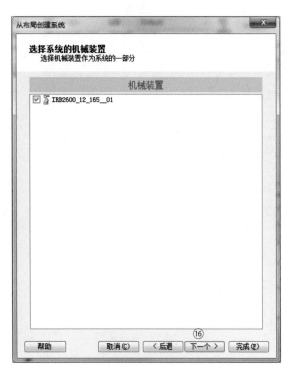

图　5-86

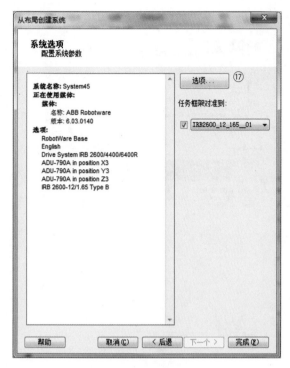

图 5-87

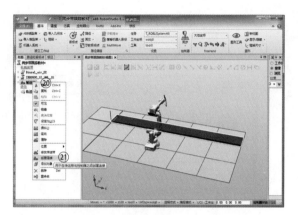

图 5-89

18.勾选"Motion Coordination"中的"606-1 Conveyor Tracking"复选框。

19.单击"关闭",关闭后单击"完成"即可。

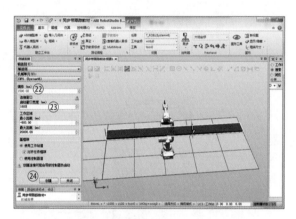

图 5-90

25. 创建完成后机器人系统自动重启,重启完成后单击"关闭"。

图 5-88

20. 选中"输送链",单击鼠标右键。

21. 单击"创建连接"。

22. 在"偏移"栏中输入 1500。

23. 在"启动窗口宽度"栏中输入 1600。

24. 单击"创建"。

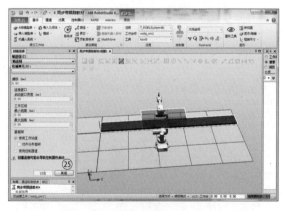

图 5-91

26. 依次展开"输送链"/"对象源",选中"轨迹训练板 1",单击鼠标右键。

27. 单击"放在传送带上"。

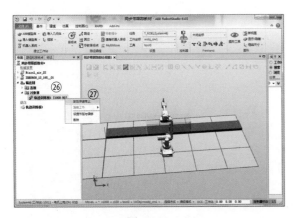

图 5-92

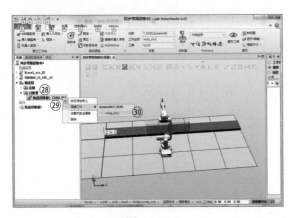

图 5-93

28. 选中"轨迹训练板 1",单击鼠标右键。

29. 选择"连接工件"。

30. 单击"wobj_cnv1"。

### 三、创建输送链跟踪运动轨迹并运行仿真

在本任务中,使用自动路径的方法,对工件的图形部位进行轨迹处理,创建运动轨迹并运行仿真,过程如图 5-94 ~ 图 5-136 所示,步骤如下:

1. 选中"输送链",单击鼠标右键。

2. 单击"操纵"。

3. 拖动"操纵轴"将工件拖动到机器人工作范围内。

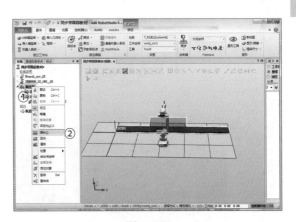

图 5-94

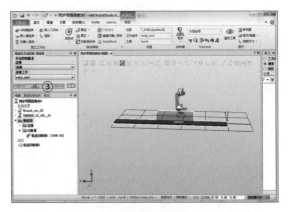

图 5-95

4. 在"工件坐标"中选择"wobj_cnv1",在"工具"中选择"tWeldGun"。

5. 在"基本"功能选项卡下,单击"路径",选择"自动路径"。

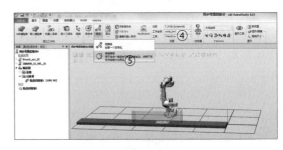

图 5-96

6. 按住键盘的〈Shift〉键,选择图 5-97 所示的矩形。

7. 采用默认设置,单击"创建"。

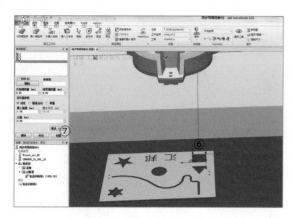

图 5-97

8. 在"基本"功能选项卡中，单击"路径和目标点"选项卡。

9. 依次展开"T_ROB1"/"工件坐标 & 目标点"/"wobj_cnv1"/"wobj_cnv1_of"，即可看到自动生成的各个目标点。

图 5-98

在调整目标过程中，为了便于查看工具在此状态下的效果，可以在目标点位置处显示工具。

10. 右击目标点"Target_10"，选择"查看目标处工具"，勾选本工作站中的工具名称"Binzel_air_22"。

11. 在目标点"Binzel_air_22"处显示出工具。

如图 5-100 所示的目标点 Target_10 处工具姿态，机器人可以达到该目标点。此时可以利用键盘〈Shift〉键以及鼠标左键选中剩余的所有目标点，然后进行统一调整。

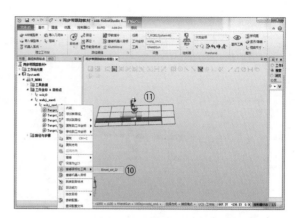

图 5-99

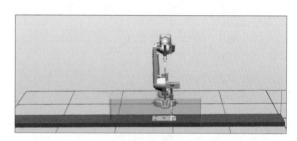

图 5-100

12. 右击选中目标点。

13. 选择"修改目标"。

14. 单击"对准目标点方向"。

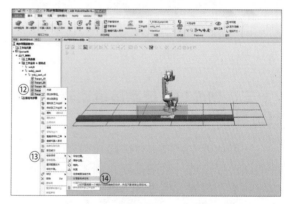

图 5-101

15. 单击"参考"框。

16. 单击目标点"Target_10"。

17. "对准轴"设为"X"，"锁定轴"设为"Z"，单击"应用"。

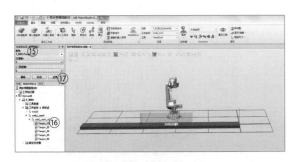

图　5-102

这样就将剩余所有目标点的 X 轴方向对准
了已调整好姿态的目标点 Target_10 的 X 轴方
向。选中所有目标点，即可看到所有目标点的
方向均已调整完成，如图 5-103 所示。

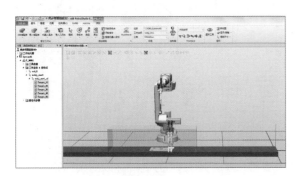

图　5-103

18. 右击路径"Path_10"，单击"配置参
数"下的"自动配置"。

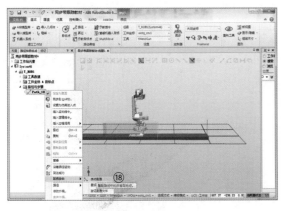

图　5-104

19. 选择合适的轴配置参数。

20. 单击"应用"。

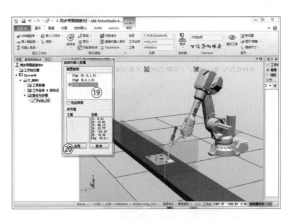

图　5-105

21. 右击"Path_10"，单击"沿着路径运动"。

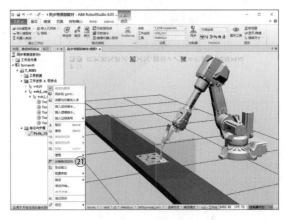

图　5-106

轨迹完成后，下面来完善一下程序，添加
轨迹起点接近点、轨迹结束离开点以及安全位
置 HOME 点。

起点接近点 pApproach 相对于起点 Tar-
get_10 来说，只是沿着其本身 Z 轴方向偏移一
定距离。

22. 右击"Target_10"，选择"复制"。

23. 右击工件坐标系"wobj_cnv1_of"，选
择"粘贴"。

将复制生成的新目标重新命名为 pAp-
proach，然后调整其位置。

图 5-107

图 5-108

24. 将 "Target_10_2" 重 命 名 为 "pApproach"。

25. 右击 "pApproach"，选择 "修改目标"中的 "偏移位置"。

图 5-109

26. "参考" 设为 "本地"，"Translation"的 Z 值输入 −150。

27. 单击 "应用"。

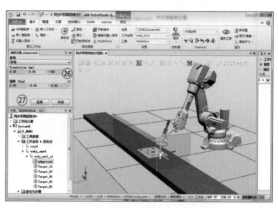

图 5-110

28. 右击 "pApproach"，依次选择 "添加到路径" — "Path_10" — "〈第一〉"。

图 5-111

接着添加轨迹结束离开点 pDepart。参考上述步骤，复制轨迹的最后一个目标点 "Target_50"，进行偏移调整后，添加至 Path_10 的最后一行。

29. 参考上述步骤，添加轨迹结束离开点 "pDepart"。

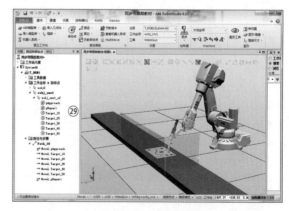

图 5-112

然后添加安全位置 HOME 点 pHome，为机器人示教一个安全位置点。此处作简化处理，直接将机器人默认原点位置设为 HOME 点。

30. 右击机器人"IRB2600_12_165__01"，单击"回到机械原点"。

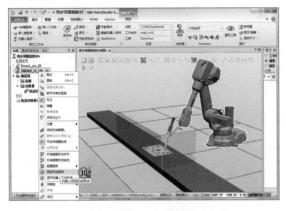

图 5-113

HOME 点一般在 wobj0 坐标系中建立。

31. "工件坐标"选为"wobj0"。

32. 单击"示教目标点"。

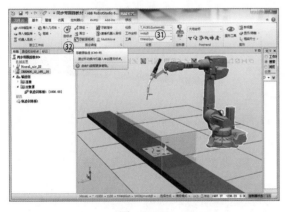

图 5-114

将示教生成的目标点重命名为 pHome，并将其添加到路径 Path_10 的第一行和最后一行，即运动起始点和运动结束点都在 HOME 位置。

33. 右击"pHome"，选择"添加到路径"—"Path_10"—"〈第一〉"。然后重复步骤，添加至"〈最后〉"。

修改 HOME 点、轨迹起始处、轨迹结束处的运动类型、速度、转弯半径等参数。

图 5-115

34. 右击"Path_10"中的"MoveL pHome"，选择"编辑指令"。

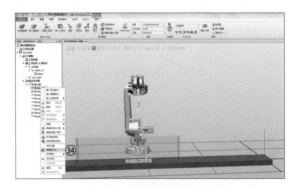

图 5-116

按照图 5-117 所示参数进行更改，更改完成后单击"应用"。

图 5-117

113

按照上述步骤更改轨迹起始处、轨迹结束处的运动参数。指令更改可参考如下设定：

MoveJ pHome,v1000,z100,tWeldGun\wobj:=wobj0;

MoveJ pApproach,v1000,z30,tWeldGun\wobj:=wobj_cnv1;

MoveL Target_10,v800,z0,tWeldGun\wobj:=wobj_cnv1;

MoveL Target_20,v800,z0,tWeldGun\wobj:=wobj_cnv1;

MoveL Target_30,v800,z0,tWeldGun\wobj:=wobj_cnv1;

MoveL Target_40,v800,z0,tWeldGun\wobj:=wobj_cnv1;

MoveL Target_50,v800,z0,tWeldGun\wobj:=wobj_cnv1;

MoveL pDepart,v1000,z30,tWeldGun\wobj:=wobj_cnv1;

MoveJ pHome,v1000,z100,Tool0\wobj:=wobj0 ;

修改完成后，再次为 Path_10 进行一次轴配置自动调整。

35. 右击"Path_10"，选择"配置参数"中的"自动配置"。

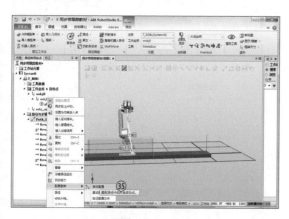

图 5-118

此处还需添加外轴控制指令 ActUnit，来激活输送链。

36. 右击"MoveJ pHome"，选择"插入逻辑指令"。

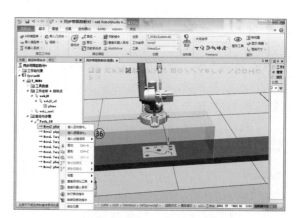

图 5-119

37. 在"指令模板"中选择"ActUnit Default"。

38. 在"指令参数"中选择默认的"CNV1"。

39. 单击"创建"。

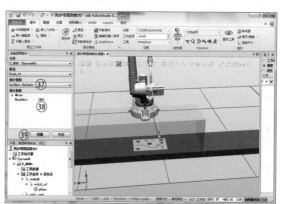

图 5-120

40. 在激活输送链后面继续插入逻辑指令，启动输送链跟踪。

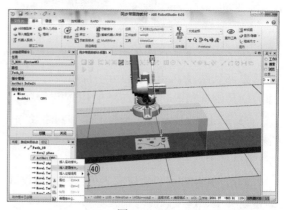

图 5-121

41. 在"指令模板"中选择"WaitWObj Default"。

42. 在"指令参数"中选择默认的"wobj_cnv1"。

43. 单击"创建"。

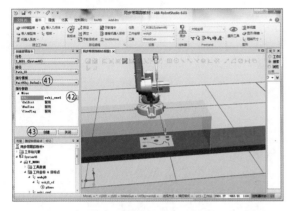

图 5-122

44. 用鼠标左键将"MoveJ phome"拖至"WaitWObj wobj_cnv1"后面。

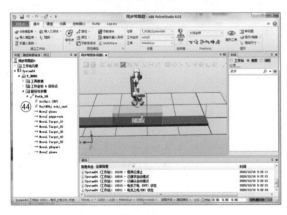

图 5-123

机器人在跟踪离开点后需要添加停止输送链跟踪指令。

45. 右击"MoveJ phome",选择"插入逻辑指令"。

46. 在"指令模板"中选择"DropWObj Default"。

47. 在"指令参数"中选择默认的"wobj_cnv1"。

48. 单击"创建",创建完成后,单击"关闭"。

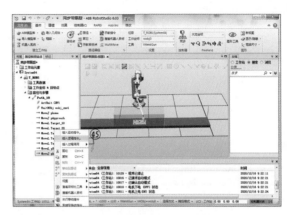

图 5-124

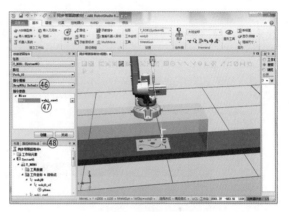

图 5-125

若无问题,则可将路径 Path_10 同步到 RAPID,转换成 RAPID 代码。

49. 在"基本"功能选项卡下,单击"同步"中的"同步到 RAPID"。

图 5-126

50. 勾选所有同步内容。

51. 单击"确定"。

图 5-127

接下来进行仿真设定。

52. 在"仿真"功能选项卡中,单击"仿真设定"。

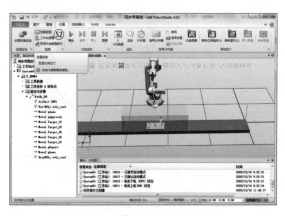

图 5-128

将 Path_10 导入到主队列中。

53. 选中"T_ROB1"。

54. 在"进入点"列表中选择"Path_10"。

图 5-129

55. 选中机器人系统"System64"。

56. 将"运行模式"更改为"连续"。

57. 单击"关闭"。

图 5-130

58. 在"RAPID"功能选项卡下,依次展开"RAPID"/"T_ROB1"/"Module1",双击"Path_10"。

59. 在程序编辑界面上,在程序"MoveJ phome"后面添加指令"WaitRob\InPos",以确保机器人到达指定位置后再停止输送链跟踪。

图 5-131

60. 单击"应用"。

图 5-132

61. 关闭程序界面，选中"输送链"，单击鼠标右键。

62. 单击"清除"，将输送链上的工件清除。

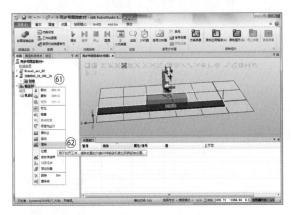

图 5-133

执行仿真，查看机器人运行轨迹。

63. 单击"仿真"功能选项卡中的"播放"。

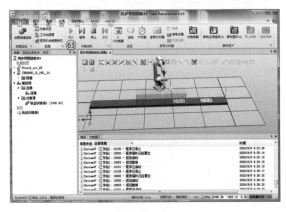

图 5-134

若输送链的速度与机器人不匹配，可调整机器人或输送链的速度。调整机器人速度的方法在前面步骤中已经提到过，这里主要讲的是调整输送链速度的方法。

64. 选中"输送链"，单击鼠标右键，然后单击"运动"。

图 5-135

65. 在"速度"栏中输入需要更改的速度。

66. 单击"关闭"。

67. 速度更改完成后，再次播放工作站，观察输送链的速度是否发生变化。

图 5-136

【学习检测】

自我学习检测评分表见表 5-1。

表 5-1 自我学习检测评分表

| 项 目 | 技术要求 | 分值 / 分 | 评分细则 | 评分记录 | 备 注 |
|---|---|---|---|---|---|
| 创建带导轨的机器人系统 | 1. 创建带导轨的机器人系统<br>2. 创建运动轨迹并运行仿真 | 25 | 1. 理解流程<br>2. 操作流程 | | |
| 创建带变位机的机器人系统 | 1. 创建带变位机的机器人系统<br>2. 创建运动轨迹并运行仿真 | 25 | 1. 理解流程<br>2. 操作流程 | | |
| 创建带输送链跟踪的机器人系统 | 1. 创建输送链<br>2. 创建带输送链跟踪的机器人系统<br>3. 创建输送链跟踪运动轨迹并运行仿真 | 30 | 1. 理解流程<br>2. 操作流程 | | |
| 安全操作 | 符合上机实训操作要求 | 20 | | | |

# 项目六　RobotStudio 的在线功能

## 任务一　使用 RobotStudio 与机器人进行连接并获取权限

扫码看视频

### 【工作任务】

1. 建立 RobotStudio 与机器人的连接。

2. 获取 RobotStudio 在线控制权限。

### 一、建立 RobotStudio 与机器人的连接

建立 RobotStudio 与机器人的连接，可用 RobotStudio 的在线功能对机器人进行监控、设置、编程与管理。如图 6-1 ~ 图 6-4 所示就是建立连接的过程，步骤如下：

请将随机所附带的网线的一端连接到计算机的网线端口，另一端与机器人的专用网线端口进行连接。

1. 将网线的一端连接到计算机的网线端口，并设置成自动获取 IP。

2. 将网线的另一端连接到紧凑控制柜 SERVICE X2 网线端口。

图　6-1

3. 在"控制器"功能选项卡中，单击"添加控制器"，选择"添加控制器"。

4. 选中已连接上的机器人控制器，然后单击"确定"。

5. 单击"控制器状态"选项卡，就可看到当前连接的控制器的情况了。

6. 单击"控制器"窗口中的项目，查看所需要的资料。

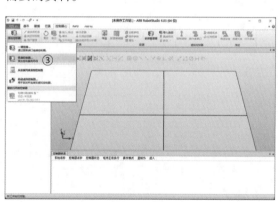

图　6-2

图　6-3

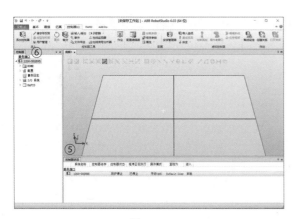

图 6-4

## 二、获取 RobotStudio 在线控制权限

除了能通过 RobotStudio 在线对机器人进行监控与查看以外，还可以通过 RobotStudio 在线对机器人进行程序的编写、参数的设定与修改等操作。为了保证较高的安全性，在对机器人控制器数据进行写操作之前，要首先在示教器进行"请求写权限"的操作，防止在 RobotStudio 中错误修改数据，造成不必要的损失。过程如图 6-5 ~ 图 6-8 所示，步骤如下：

图 6-5

1. 将机器人状态钥匙开关切换到"手动"状态。

2. 在"控制器"功能选项卡中，选择"请求写权限"。

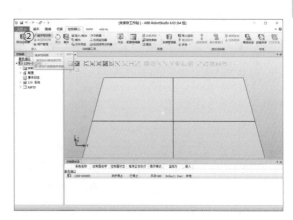

图 6-6

3. 在示教器中单击"同意"进行确认。

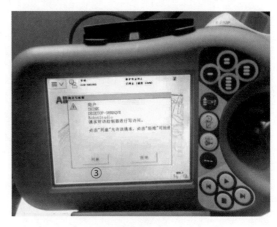

图 6-7

4. 完成对控制器的写操作以后，在示教器中单击"撤回"，收回写权限。

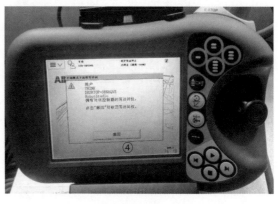

图 6-8

# 任务二　使用 RobotStudio 进行备份与恢复操作

【工作任务】

1. 使用 RobotStudio 进行备份操作。
2. 使用 RobotStudio 进行恢复操作。

扫码看视频

定期对 ABB 机器人的数据进行备份，是保持 ABB 机器人正常运行的良好习惯。ABB 机器人数据备份的对象是所有正在系统内存运行的 RAPID 程序和系统参数。当机器人系统出现错乱或者重新安装新系统以后，可以通过备份快速地把机器人恢复到备份时的状态。

图　6-10

## 一、备份的操作

备份的操作过程如图 6-9 ~ 图 6-11 所示，步骤如下：

1. 在"控制器"功能选项卡中，单击"备份"，选择"创建备份"。

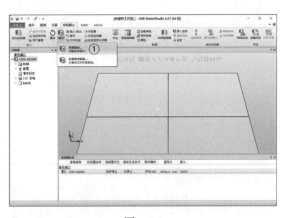

图　6-9

2. 在"备份名称"中输入备份文件夹的名称，注意不能有中文。

3. 在"位置"下指定备份文件的存放位置。

4. 单击"确定"。

5. 此处提示"备份完成"，则操作成功。

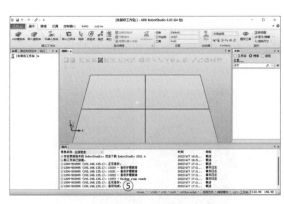

图　6-11

## 二、恢复的操作

恢复的操作过程如图 6-12 ~ 图 6-16 所示，步骤如下：

1. 将机器人状态钥匙开关切换到"手动"状态。

2. 在"控制器"功能选项卡中，选择"请求写权限"。

图　6-12

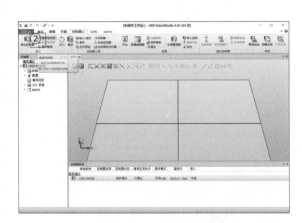

图 6-13

3. 在示教器中单击"同意"进行确认。

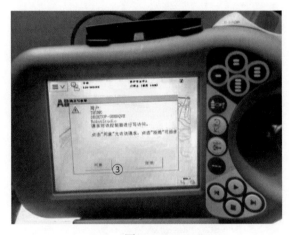

图 6-14

4. 在"控制器"功能选项卡中,单击"备份",选择"从备份中恢复"。

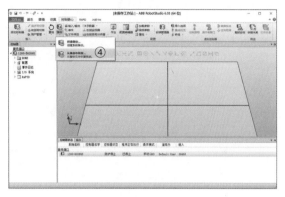

图 6-15

5. 选择要恢复的备份,然后单击"确定"。

图 6-16

至此,恢复操作完成。

# 任务三 使用 RobotStudio 在线编辑 RAPID 程序

【工作任务】

1. 在线修改 RAPID 程序。

2. 在线添加 RAPID 程序指令。

在机器人的实际运行中,为了配合实际的需要,经常会在线对 RAPID 程序进行微小的调整,包括修改或增减程序指令。下面就这两方面的内容进行讲解。

扫码看视频

## 一、修改等待时间指令 WaitTime

下面将程序中的等待时间从 2s 调整为 3s。

首先建立起 RobotStudio 与机器人的连接(请参考本项目任务一中的详细说明)。接着进行图 6-17～图 6-22 所示的操作，步骤如下：

1. 在"控制器"功能选项卡中，单击"请求写权限"。

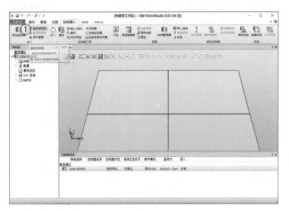

图 6-17

2. 在示教器中单击"同意"进行确认。

图 6-18

3. 在"控制器"窗口中双击"Module1"。

4. 单击程序指令"WaitTime 2 ;"。

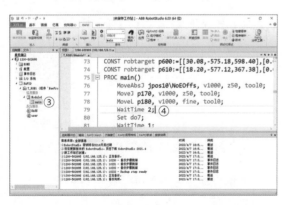

图 6-19

5. 将程序指令"WaitTime 2 ;"修改为"WaitTime 3 ;"。

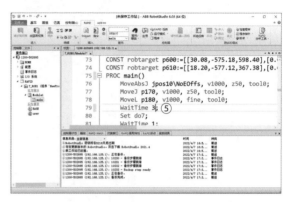

图 6-20

6. 修改完成后，单击"应用"。

7. 单击"是"。

8. 单击"收回写权限"。

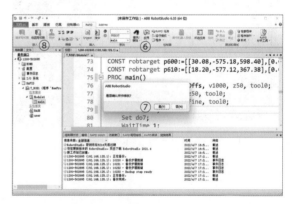

图 6-21

9. 示教器中的指令已被修改。

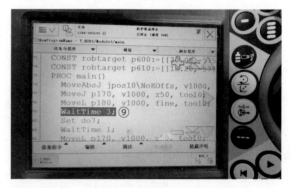

图 6-22

## 二、增加速度设定指令 VelSet

为了将程序中机器人的最高速度限制到1000mm/s，要在一个程序中移动指令的开始位置之前添加一条速度设定指令。操作过程如图 6-23 ~ 图 6-30 所示，步骤如下：

1. 在"控制器"功能选项卡中，单击"请求写权限"。

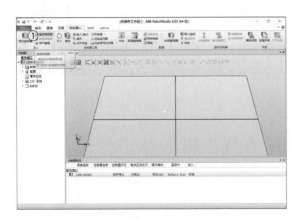

图　6-23

2. 在示教器中单击"同意"进行确认。

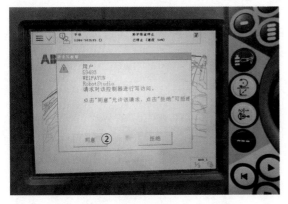

图　6-24

3. 在程序的开始端空一行。

4. 在"RAPID"功能选项卡中，单击"指令"，选择"Settings"中的"VelSet"。

5. "VelSet"指令要设定两个参数：最大倍率和最大速度。

6. 将指令修改为"VelSet 100,1000 ;"。

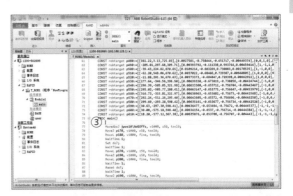

图　6-25

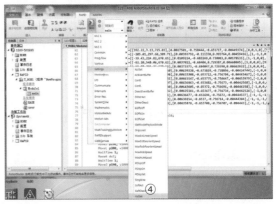

图　6-26

图　6-27

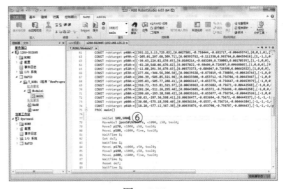

图　6-28

7. 修改完成后，单击"应用"。

8. 单击"是"。

9. 单击"收回写权限"。

图 6-29

10. 示教器中的指令已被修改。

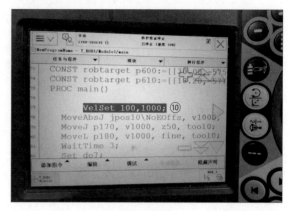

图 6-30

# 任务四 使用 RobotStudio 在线编辑 I/O 信号

## 【工作任务】

1. 在线添加 I/O 单元。

2. 在线添加 I/O 信号。

机器人与外部设备的通信是通过 ABB 标准 I/O 板或现场总线的方式进行的，其中又以 ABB 标准 I/O 板的应用最为广泛。所以以下的操作就是以新建一个 I/O 单元及添加一个 I/O 信号为例，来学习 RobotStudio 在线编辑 I/O 信号的操作。

扫码看视频

首先要建立起 RobotStudio 与机器人的连接（请参考本项目任务一中的详细说明），然后进行图 6-31～图 6-37 所示的操作，步骤如下：

1. 在"控制器"功能选项卡中，单击"请求写权限"。

## 一、创建一个 I/O 单元 DSQC651

I/O 单元 DSQC651 的参数设定见表 6-1。

表 6-1 I/O 单元 DSQC651 的参数设定

| 名　　称 | 值 |
| --- | --- |
| Name（I/O 单元名称） | BOARD10 |
| Type of Unit（I/O 单元类型） | d651 |
| Connected to Bus<br>（I/O 单元所在总线） | DeviceNetl |
| DeviceNet Address<br>（I/O 单元所占用总线地址） | 10 |

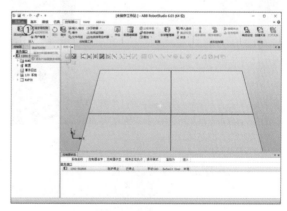

图 6-31

2. 在示教器中单击"同意"进行确认。

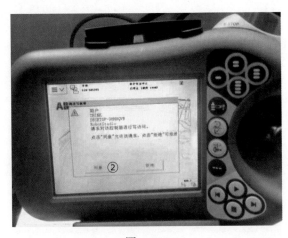

图 6-32

3. 在"控制器"功能选项卡中，选择"配置编辑器"中的"I/O System"。

图 6-33

4. 在"DeviceNet Device"上右击，选择"新建 DeviceNet Device"。

图 6-34

5. 根据图 6-35 所示的值进行设定，然后单击"确定"。

图 6-35

6. 单击"确定"。

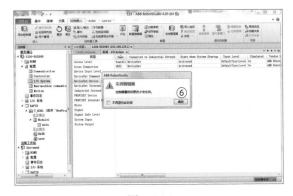

图 6-36

7. 单击"重启"，选择"重启动（热启动）"，使刚才的设定生效。

图 6-37

项目六 RobotStudio 的在线功能

## 二、创建一个数字输入信号 DI00

创建一个数字输入信号 DI00 的过程如图 6-38～图 6-42 所示，步骤如下：

数字输入信号的参数设定见表 6-2。

表 6-2 数字输入信号的参数设定

| 名　称 | 值 |
|---|---|
| Name（I/O 信号名称） | DI00 |
| Type of Signal（I/O 信号类型） | Digital Input |
| Assigned to Unit（I/O 信号所在 I/O 单元） | BOARD10 |
| Unit Mapping（I/O 信号所占用单元地址） | 0 |

1. 在"Signal"上右击，选择"新建 Signal"。

图 6-38

2. 根据图 6-39 所示的值进行设定，然后单击"确定"。

图 6-39

3. 单击"确定"。

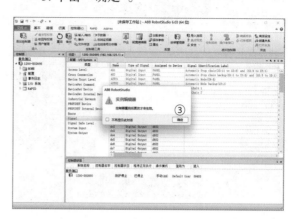

图 6-40

4. 单击"重启"，选择"重启动（热启动）"，使刚才的设定生效。

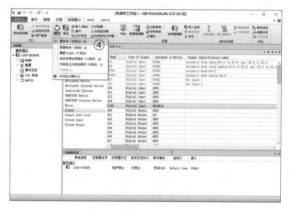

图 6-41

5. 单击"收回写权限"，取消 RobotStudio 远程控制。

至此，I/O 单元和 I/O 信号设置完毕。

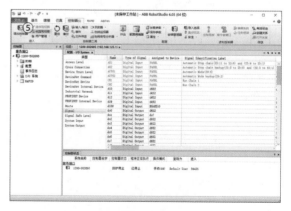

图 6-42

# 任务五　使用 RobotStudio 在线传送文件

## 【工作任务】

在线进行文件传送的操作。

扫码看视频

建立好 RobotStudio 与机器人的连接并且获取写权限以后，可以通过 RobotStudio 进行快捷的文件传送操作。请按照图 6-43 ~ 图 6-45 所示进行从计算机发送文件到机器人控制器硬盘的操作，步骤如下：

在对机器人硬盘中的文件进行传送操作前，一定要清楚被传送的文件的作用，否则可能会造成机器人系统的崩溃。

1. 在"控制器"功能选项卡中，单击"文件传送"。

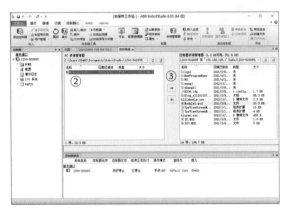

图　6-44

4. 传送结束后，单击"收回写权限"。

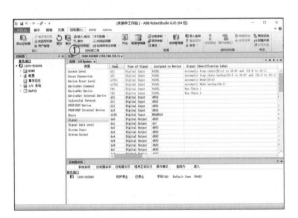

图　6-43

2. 选中"PC 资源管理器"中要传送的文件。
3. 单击向机器人控制器发送的按钮。

图　6-45

# 任务六　使用 RobotStudio 在线监控机器人和示教器状态

## 【工作任务】

1. 在线监控机器人状态。
2. 在线监控示教器状态。

扫码看视频

我们可以通过 RobotStudio 的在线功能进行机器人和示教器状态的监控，操作如图 6-46～图 6-48 所示。

## 一、在线监控机器人状态的操作

1. 在"控制器"功能选项卡中，单击"在线监视器"。

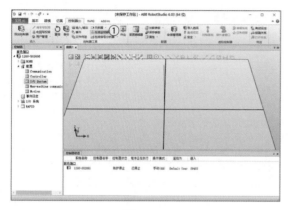

图　6-46

2. 窗口显示的就是实时的机器人状态。

## 二、在线监控示教器状态的操作

1. 在"控制器"功能选项卡中，单击"示教器"。

2. 在此设定画面采样刷新的频率。

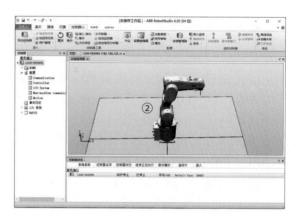

图　6-47

图　6-48

# 任务七　使用 RobotStudio 在线设定示教器用户操作权限

【工作任务】
1. 为示教器添加一个管理员操作权限。
2. 设定所需要的用户操作权限。
3. 更改 Default User 的用户组。

扫码看视频

在示教器中的误操作可能会引起机器人系统的错乱，从而影响机器人的正常运行，因此有必要为示教器设定不同用户的操作权限。为一台新的机器人设定示教器用户操作权限的一般操作步骤如下：

1. 为示教器添加一个管理员操作权限。
2. 设定所需要的用户操作权限。
3. 更改 Default User 的用户组。

下面就来进行机器人权限设定的操作。

## 一、为示教器添加一个管理员操作权限

为示教器添加一个管理员操作权限的目的是为系统多创建一个具有所有权限的用户，在权限意外丢失时可以多一层保障。

首先要获取机器人的写操作权限，操作如

图 6-49 ～图 6-58 所示，步骤如下：

1. 在"控制器"功能选项卡中，单击"用户管理"，选择"编辑用户账户"。

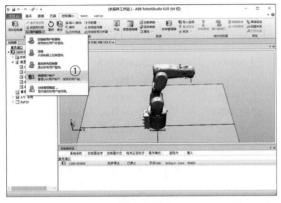

图 6-49

2. 单击"组"选项卡。

3. 单击"Default Group"。

4. 在这里可以看到"Default Group"组的权限。"完全访问权限"复选框已勾选，说明拥有了全部的权限。

图 6-50

5. 回到"用户"选项卡，然后单击"添加"。

图 6-51

6. 添加一个管理员。"用户名"为"abbadmin"，"密码"为"123456"。设定完成后，单击"确定"。

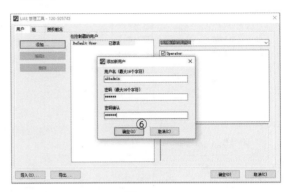

图 6-52

7. 单击"abbadmin"。

8. 将所有的用户组勾选，将所有用户组的权限授予"abbadmin"。

9. 单击"确定"。

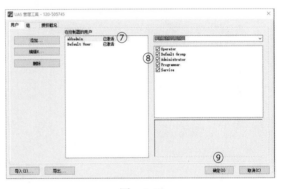

图 6-53

10. 单击"重启"，选择"重启动（热启动）"。

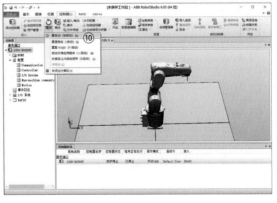

图 6-54

11. 打开"ABB"菜单，单击"注销 Default User"。

图 6-55

12. 单击"是"。

13. 将"用户"设为"abbadmin"，"密码"为"123456"，然后单击"登录"。

图 6-56

图 6-57

14. 使用账号"abbadmin"登录后，请测试各种关键权限是否正常，例如备份与恢复、校准、程序编辑、程序数据设定、参数设定。如果正常，则管理员权限设定正确。

图 6-58

## 二、设定所需要的用户操作权限

现在可以根据需要设定用户组和用户，以满足管理的需要。具体步骤如下：

1. 创建新用户组。
2. 设定新用户组的权限。
3. 创建新的用户。
4. 将用户归类到对应的用户组。
5. 重启系统，测试权限是否正常。

## 三、更改 Default User 的用户组

在默认情况下，用户 Default User 拥有示教器的全部权限。机器人通电后，都是以用户 Default User 的身份自动登录示教器操作界面的，所以有必要将 Default User 的权限取消掉。

在取消 Default User 的权限之前，要确认系统中已有一个具有全部管理员权限的用户；否则有可能造成示教器的权限锁死，无法做任何操作。

图 6-59 ~ 图 6-64 所示是更改 Default User 的用户组的操作，步骤如下：

1. 建立好计算机与机器人的连接后，在"控制器"功能选项卡下单击"用户管理"，选

择"编辑用户账户"。

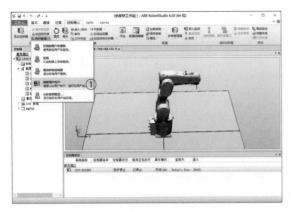

图 6-59

2. 在"组"选项卡下，查看"Default Group"用户组，其只有"执行程序"的权限，所以将用户 Default User 归到这个组中。

图 6-60

3. 在"用户"选项卡下选择"Default User"。
4. 只勾选"Default Group"用户组。

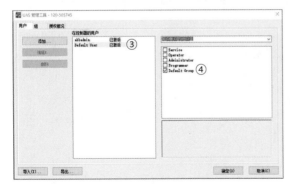

图 6-61

5. 再次确认"abbadmin"已勾选了所有的

用户组。

6. 单击"确定"。

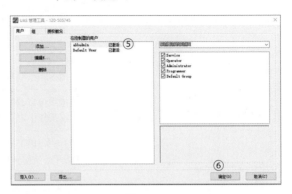

图 6-62

7. 单击"确定"后，界面如图 6-63 所示。

图 6-63

8. 在"控制器"功能选项卡中，单击"重启"，选择"重启动（热启动）"。

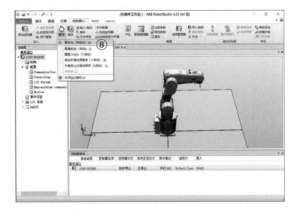

图 6-64

完成热启动后，在示教器上进行用户的登录测试。如果一切正常，就完成设定了。

用户权限的说明（以RobotWare5.15.02为例， 不同的版本可能会有所不同）见表6-3、表6-4。

表6-3 控制器权限

| 权 限 | 说 明 |
|---|---|
| Full access | 该权限包含了所有控制器权限，也包含将来 RobotWare 版本添加的权限。不包含应用程序权限和安全配置权限 |
| Manage UAS settings | 该权限可以读写用户授权系统的配置文件，即可以读取、添加、删除和修改用户授权系统中定义的用户和用户组 |
| Execute program | 拥有执行以下操作的权限：<br>1）开始／停止程序（拥有停止程序的权限）<br>2）将程序指针指向主程序<br>3）执行服务程序 |
| Perform ModPos and HotEdit | 拥有执行以下操作的权限：<br>1）修改和示教 RAPID 代码中的位置信息 (ModPos)<br>2）在执行的过程中修改 RAPID 代码中的单个点或路径中位置信息<br>3）将 ModPos/HotEdit 位置值复位为原始值<br>4）修改 RAPID 变量的当前值 |
| Modify current value | 拥有修改 RAPID 变量的当前值的权限。该权限是 Perform ModPos and HotEdit 权限的子集 |
| I/O write access | 拥有执行以下操作的权限：<br>1）设置 I/O 信号值<br>2）设置信号仿真或不允许信号仿真<br>3）将 I/O 总线和单元设置为启用或停用 |
| Backup and save | 拥有执行备份及保存模块、程序和配置文件的权限 |
| Restore a backup | 拥有恢复备份并执行 B- 启动的权限 |
| Modify configuration | 拥有修改配置数据库，即加载配置文件、更改系统参数值和添加删除实例的权限 |
| Load program | 拥有下载／删除模块和数据的权限 |
| Remote warm start | 拥有远程关机和热启动的权限。使用本地设备进行热启动不需任何权限，例如使用示教器 |
| Edit RAPID code | 拥有执行以下操作的权限：<br>1）修改已存在 RAPID 模块中的代码<br>2）框架校准（工具坐标、工件坐标）<br>3）确认 ModPos/HotEdit 值为当前值<br>4）重命名程序 |
| Program debug | 拥有执行以下操作的权限：<br>1）Move PP to routine<br>2）Move PP to cursor<br>3）HoldToRun<br>4）启用／停用 RAPID 任务<br>5）向示教器请求写权限<br>6）启用或停用非动作执行操作 |

（续）

| 权　限 | 说　明 |
| --- | --- |
| Decrease production speed | 拥有在自动模式下将速度由 100% 进行减速操作的权限，该权限在速度低于 100% 或控制器在手动模式下时无须请求 |
| Calibration | 拥有执行以下操作的权限：<br>1）精细校准机械单元<br>2）校准 Baseframe<br>3）更新 / 清除 SMB 数据<br>4）框架校准（工具、工作对象）要求授予编辑 RAPID 代码权限<br>对机械装置校准数据进行手动调整，以及从文件载入新的校准数据，要求授予修改配置权限 |
| Administration of installed systems | 拥有执行以下操作的权限：<br>1）安装新系统<br>2）P- 启动<br>3）I- 启动<br>4）X- 启动<br>5）C- 启动<br>6）选择系统<br>7）由设备安装系统<br>该权限给予全部 FTP 访问权限，即与 Read access to controller disks 和 Write access to controller disks 相同的权限 |
| Read access to controller disks | 对控制器磁盘的外部读取权限。该权限仅对外部访问有效，例如，FTP 客户端或 RobotStudio 文件管理器也可以在没有该权限的情况下将程序加载到 hdOa |
| Write access to controller disks | 对控制器磁盘的外部写入权限。该权限仅对外部访问有效，例如，FTP 客户端或 RobotStudio 文件管理器可以将程序保存至控制器磁盘或执行备份 |
| Modify controller properties | 拥有设置控制器名称、控制器 ID 和系统时钟的权限 |
| Delete log | 拥有删除事件日志中信息的权限 |
| Revolution counter update | 拥有更新转数计数器的权限 |
| Safety Controller configuration | 拥有执行控制器安全模式配置的权限。仅对 PSC 选项有效，且该权限不包括在 Full access 权限中 |

表 6-4　应用程序权限

| 权　限 | 说　明 |
| --- | --- |
| Access to the ABB menu on FlexPendant | 值为 True 时，表示有权使用示教器上的 ABB 菜单。在用户没有任何授权时，该值为默认值<br>值为 False 时，表示控制器在"自动"模式下用户不能访问 ABB 菜单<br>该权限在手动模式下无效 |
| Log off FlexPendant user when switching to Auto mode | 当由手动模式转到自动模式时，拥有该权限的用户将自动由示教器注销 |

【学习检测】

自我学习检测评分表见表6-5。

表6-5　自我学习检测评分表

| 项　目 | 技术要求 | 分值/分 | 评分细则 | 评分记录 | 备　注 |
|---|---|---|---|---|---|
| 使用 RobotStudio 与机器人进行连接并获取权限 | 1. 建立 RobotStudio 与机器人的连接<br>2. 获取 RobotStudio 在线控制权限 | 10 | 1. 理解流程<br>2. 操作流程 | | |
| 使用 RobotStudio 进行备份与恢复操作 | 1. 使用 RobotStudio 进行备份操作<br>2. 使用 RobotStudio 进行恢复操作 | 10 | 1. 理解流程<br>2. 操作流程 | | |
| 使用 RobotStudio 在线编辑 RAPID 程序 | 1. 在线修改 RAPID 程序<br>2. 在线添加 RAPID 程序指令 | 15 | 1. 理解流程<br>2. 操作流程 | | |
| 使用 RobotStudio 在线编辑 I/O 信号 | 1. 在线添加 I/O 单元<br>2. 在线添加 I/O 信号 | 15 | 1. 理解流程<br>2. 操作流程 | | |
| 使用 RobotStudio 在线传送文件 | 在线传送文件 | 10 | 1. 理解流程<br>2. 操作流程 | | |
| 使用 RobotStudio 在线监控机器人和示教器状态 | 1. 在线监控机器人状态<br>2. 在线监控示教器状态 | 10 | 1. 理解流程<br>2. 操作流程 | | |
| 使用 RobotStudio 在线设定示教器用户操作权限 | 1. 为示教器添加一个管理员操作权限<br>2. 设定所需要的用户操作权限<br>3. 更改 Default User 的用户组 | 10 | 1. 理解流程<br>2. 操作流程 | | |
| 安全操作 | 符合上机实训操作要求 | 20 | | | |

【综合实训题】

1. 项目一与项目四综合应用，构建一对四的带导轨的焊接工作站。

2. 项目一与项目三综合应用，构建带碰撞检测的工作站。

3. 项目二与项目三综合应用，构建工作站。

4. 项目一、项目二、项目三与项目四综合应用，构建工作站。